重庆市骨干高等职业院校建设项目规划教材
重庆水利电力职业技术学院课程改革系列教材

# PLC 控制技术

主　编　刘露萍　黄才彬
副主编　陈达波　彭炜峰
主　审　贾　磊

黄河水利出版社
·郑　州·

## 内 容 提 要

本书是重庆市骨干高等职业院校建设项目规划教材、重庆水利电力职业技术学院课程改革系列教材之一，由重庆市财政重点支持，根据高职高专教育PLC控制技术课程标准及理实一体化教学要求编写而成。本书以项目的形式介绍了PLC的产生、特点及发展方向，PLC的结构、组成、原理及工作方式，三菱系列PLC的性能指标、内部编程元件及编程指令，PLC的编程语言、编程软件及程序设计方法。

本书参考了有关行业的职业技能鉴定规范及技术人员等级考核标准，可作为高等职业院校电气类专业教材，也可作为行业部门技术人员岗位培训教材及自学用书。

**图书在版编目(CIP)数据**

PLC控制技术/刘露萍，黄才彬主编. —郑州：黄河水利出版社，2016. 11

重庆市骨干高等职业院校建设项目规划教材

ISBN 978 - 7 - 5509 - 1592 - 3

Ⅰ. ①P… Ⅱ. ①刘… ②黄… Ⅲ. ①PLC - 高等职业教育 - 教材 Ⅳ. ①TM571. 61

中国版本图书馆CIP数据核字(2016)第302666号

组稿编辑：王路平　电话：0371-66022212　E-mail：hhslwlp@163. com

出 版 社：黄河水利出版社　网址：www. yrcp. com

地址：河南省郑州市顺河路黄委会综合楼14层　邮政编码：450003

发行单位：黄河水利出版社

发行部电话：0371-66026940、66020550、66028024、66022620(传真)

E-mail：hhslcbs@126. com

承印单位：河南承创印务有限公司

开本：787 mm×1 092 mm　1/16

印张：5. 25

字数：120千字　印数：1—2 100

版次：2016年11月第1版　印次：2016年11月第1次印刷

定价：14. 00元

# 前 言

按照“重庆市骨干高等职业院校建设项目”规划要求，电力系统继电保护与自动化专业是该项目的重点建设专业之一，专业建设资金由重庆市水利局和重庆水利电力职业技术学院配套负责。按照子项目建设方案，通过广泛深入的行业、市场调研，与行业、企业专家共同研讨，与行业企业深度合作，共同创新构建“岗课证融通、四阶段递进”的工学结合的人才培养模式，以电力系统行业企业一线继电保护与自动化专业的主要技术岗位所需核心能力为主线，兼顾学生职业迁徙和可持续发展需要，构建“以典型工作任务为载体，基于职业岗位能力”的课程体系，优化课程内容，进行精品资源共享课程与优质核心课程的建设。经过三年的探索和实践，已形成初步建设成果。为了固化骨干建设成果，进一步将其应用到教学之中，最终实现让学生受益，经学院审核，决定正式出版系列课程改革教材，包括优质核心课程和精品资源共享课程等。

本书是立足职业教育人才培养目标，结合目前高等职业院校的教学现状与 PLC 技术的更新发展，以及重庆水利电力职业技术学院院级优质课程建设教学成果编写而成的。本书在编写时注意贯彻“以能力为本位”的教育思想，从学生的实际出发，精选内容，降低难度，增加广度，重点突出新知识、新技术在工业中的应用。

本书以日本三菱公司 FX2N 系列 PLC 为主线，采用基于工作过程的项目导向、任务驱动教学模式编写，重点介绍了三菱 PLC 的工作原理、编程和应用技术，突出实际应用。本书共分为七个项目：项目一介绍 PLC 的产生与发展、结构与组成、工作原理与方式、内部编程元件和编程软件；项目二介绍 PLC 的编程语言和指令；项目三介绍 PLC 程序设计的经验设计法；项目四介绍 PLC 程序设计的步进控制设计法；项目五介绍起、保、停的编程方式；项目六介绍以转换条件为中心的编程方式；项目七介绍用 STL 指令编程方式。本书参考了有关行业的职业技能鉴定规范及技术人员等级考核标准，可作为高等职业院校电气类专业教材，也可作为行业部门技术人员岗位培训教材及自学用书。

本书由重庆水利电力职业技术学院刘露萍、黄才彬担任主编，刘露萍负责全书统稿；由重庆水利电力职业技术学院陈达波、彭炜峰担任副主编，重庆水利电力职业技术学院吴桂仙、牟必俊参编；由黄河水利职业技术学院机电工程学院贾磊副教授担任主审。

本书在编写过程中得到了重庆水利电力职业技术学院领导、骨干办及项目组的关心和帮助，在此谨致忠心的感谢！

由于时间和水平有限，不足和失误在所难免，恳请有关专家、广大读者及同行批评指正，我们将在使用中不断补充和修改。

**编 者**

2016 年 7 月

# 目 录

前 言
项目一 PLC 基础知识与技能 …………………………………… (1)
任务一 PLC 概述 …………………………………… (1)
任务二 PLC 的组成及工作原理 …………………………………… (5)
任务三 GX Developer 编程软件的使用 …………………………………… (20)
项目二 三相异步电动机的控制 …………………………………… (31)
任务一 三相异步电动机的连续控制 …………………………………… (31)
任务二 三相异步电动机正、反转控制 …………………………………… (36)
任务三 三相异步电动机星形－三角形降压启动控制 …………………………………… (39)
项目三 抢答器控制系统 …………………………………… (44)
项目四 送料小车自动往返 …………………………………… (48)
项目五 自动门的控制 …………………………………… (55)
项目六 红绿灯的 PLC 控制 …………………………………… (61)
项目七 剪板机的 PLC 控制 …………………………………… (69)
参考文献 …………………………………… (77)

# 项目一 PLC 基础知识与技能

## 任务一 PLC 概述

### 一、学习目标

(1)知道可编程序控制器的定义。
(2)了解可编程序控制器的历史。
(3)掌握可编程序控制器的特点与分类
(4)了解可编程序控制器的应用领域与发展趋势。

### 二、相关知识

**(一)可编程序控制器的定义**

国际电工委员会(IEC)定义可编程序控制器(PLC)是一种数字运算的操作系统,专为在工业环境下应用而设计。它采用可编程序的存储器,用来在其内部存储执行逻辑运算、顺序控制、定时、计数和算数运算等操作的指令,并通过数字、模拟信号的输入和输出,控制各种类型的生产机械或生产过程。可编程序控制器及其有关的设备,都应按易于与工业控制系统连成一个整体、易于扩充其功能的原则设计。

**(二)PLC 产生及发展的历史过程**

20 世纪 30 年代,继电器、接触器、按钮、开关等元器件形成了功能齐全的多种系列,基本控制电路也形成规范,可以实现远距离控制等。这种主要用于控制交流电动机的控制系统被称为继电器 - 接触器控制系统。对大型自动生产线控制系统而言,其使用的继电器数量很多,一方面它们接线复杂,体积大,耗能多,不便于检查和维护;另一方面,这种有触点的电器工作频率很低,在频繁动作情况下寿命短,易造成系统故障,使生产线的可靠性降低。

60 年代末,随着市场的转变,工业生产开始由大批量、少品种的生产方式转变为小批量、多品种的生产方式。显然,采用固定接线方式的继电器控制系统很难适应这一发展的要求。为了改变这一状况,1968 年,美国通用汽车(GM)公司为实现"多品种、小批量、不断翻新汽车品牌型号"的战略,公开招标研制功能更强、使用更方便、价格更便宜、可靠性更高的新型工业控制装置。1969 年,美国数字设备公司(DEC)根据 GM 公司的招标要求,率先研制成功世界上第一台可编程序控制器,型号为 PDP - 14,并在 GM 公司汽车生产线上首次试验并获得成功。

70 年代中期出现了微处理器和微型计算机,通过把微机技术应用于 PLC,使它兼有计算机的一些功能,不但用逻辑编程取代了硬连线逻辑,还增加了算术运算、数据传送与处理及对模拟量进行控制的功能。今天,PLC 已开始用于闭环过程控制(DDC),且随着其扩展能力和通信能力的发展,它也会越来越多地应用于复杂的分布式计算机控制系统中,真正成为一种计算机工业控制设备。

PLC 的发展可分为以下四个阶段:

第一代:用一位机开发,磁芯存储器存储,只具有单一的逻辑控制功能。

第二代:使用 8 位微处理器及半导体存储器,产品开始系列化。

第三代:高性能微处理器及位片式 CPU 的使用,使 PLC 的处理速度大大提高,从而促使它向多功能及联网通信方向发展。

第四代:不仅全面使用 16 位、32 位高性能微处理器、高性能位片式微处理器、精简指令系统 CPU(RISC)等高级 CPU,而且在一台 PLC 中配置多个微处理器,进行多道处理。

**(三)PLC 的特点**

(1)功能丰富。主要表现在指令丰富;内部器件种类繁多,容量宏大;外部设备丰富,可建立友好的人机界面,进行信息交换;具有通信接口,可与计算机链接或联网,实现信息交换;具有强大的自检功能,可进行自诊断;可记录诊断结果,为维修提供方便。

(2)使用方便。主要表现在配置方便、安装方便、编程方便、维护方便。

(3)工作可靠。硬件方面主要表现在以下几点:

①主机的输入、输出电源相互独立,避免了电源间的相互干扰;

②输入、输出电路中采用了光电隔离,提高了抗干扰能力;

③用软件代替了继电器触点的硬连线,提高了可靠性;

④采用密封防尘抗震的外壳封装及内部结构,可适应恶劣环境。

软件方面主要表现在以下几点:

①程序执行采用扫描加中断工作方式,这既可以保证它有序的工作,避免触点竞争,又能及时处理应急请求;

②内部采用"监视器"(watching dog)电路,保证了 CPU 工作的可靠性;

③PLC 每次上电后,都要进行自检测程序和对系统的初始化,这是系统程序配置了的,用户不必干预;

④PLC 还自带很多防止和检测故障的指令,可通过编制程序,对 PLC 的工作进行监视。

(4)经济合算。高新技术的使用必将带来巨大的社会效益和经济效益,这是高新技术生命力所在,也是科学技术是第一生产力的体现。所以,尽管使用 PLC 首次投入比较大,但是,从全局观点和长远利益看,使用 PLC 还是很经济的。

**(四)PLC 的分类**

根据硬件结构的不同,可编程序控制器分为以下几种类型。

1. 整体式 PLC(单元式、箱体式)

整体式 PLC(见图 1-1)的结构特点如下所述:

(1)中央处理器(CPU)、输入/输出(I/O)模块及电源模块均装在一个箱状机壳内,结构紧凑。

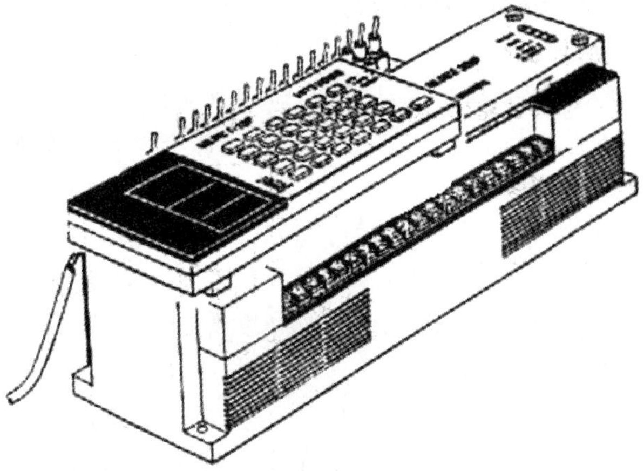

图 1-1 整体式 PLC

(2)体积小,价格低,一般为小型 PLC。

(3)有多种不同 I/O 点数的基本单元和扩展单元供用户选择。

(4)配有许多专用的特殊功能单元,如模拟量 I/O 单元等。

2. 模块式 PLC

模块式 PLC(见图 1-2)的结构特点如下所述:

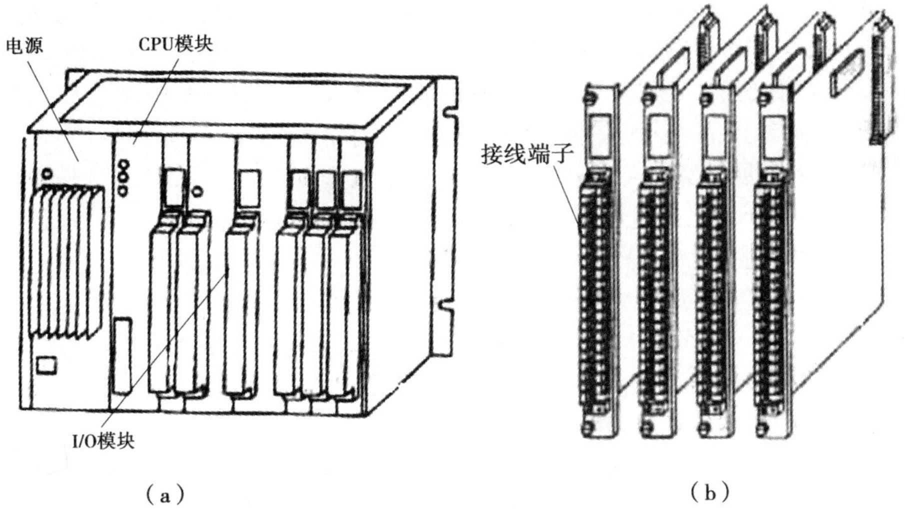


图 1-2 模块式 PLC

(1)由框架和模块组成,系统由搭积木的方式构成,结构灵活。

(2)有不同档次的 CPU 模块、品种繁多的 I/O 模块和功能模块供用户选用,硬件配置的选择余地大,维修更方便。

(3)一般为大中型 PLC,电源可独立为一个模块。

3. 叠装式 PLC

叠装式 PLC 的结构特点:集整体式 PLC 和模块式 PLC 的优点为一体,使配置更加灵活。各单元和模块等高等宽,不用基板,仅用扁平电缆连接,紧密拼装后组成一个长方体。

**(五)PLC 的应用领域**

(1)开关量控制:是 PLC 最基本、最广泛的应用领域。PLC 的输入信号和输出信号都是通/断的开关信号,对于输入/输出的点数可以不受限制。在开关量逻辑控制中,它取代了传统的继电器 - 接触器控制系统,实现了逻辑控制、顺序控制。用 PLC 进行开关量控制遍及许多行业,如机床电气控制、电梯运行控制、汽车装配线、啤酒灌装生产线等。

(2)模拟量控制:PLC 通过模块实现 A/D(模/数)、D/A(数/模)转换,能够实现对模拟量的控制,用以实现对温度、压力、流量、液位高度等连续变化的模拟量进行 PID 控制,如锅炉、冷冻、反应堆、水处理、酿酒等。

(3)运动控制:PLC 可用于直线运动或圆周运动的控制。目前,制造商已经提供了拖动步进电动机或伺服电动机的单轴或多轴位置控制模块,即把描述目标位置的数据送给模块,模块移动一轴或多轴到目标位置。当每个轴运动时,位置控制模块保持适当的速度和加速度,确保运动平衡。

(4)数据采集:现代的 PLC 具有数学运算(包括函数运算、逻辑运算、矩阵运算)、数据处理、排序和查表、位操作等功能,可以完成数据的采集、分析和处理,可以和存储器中的参考数据相比较,也可以传送给其他职能装置或传送给打印机打印制表。把支持顺序控制的 PLC 与数字控制设备紧密结合,即可实现 CNC 功能。数据处理一般用在大中型控制系统中。

(5)联网和通信:PLC 的通信包括 PLC 和 PLC 之间、PLC 与上位机之间和其他智能设备之间的通信。PLC 与计算机之间具有串行通信接口,利用双绞线、同轴电缆将它们连成网络,实现信息交换。还可以构成"集中管理,分散控制"的分布控制系统。联网可以增加系统的控制规模,甚至可以使整个工厂实现自动化。

**(六)PLC 的发展趋势**

(1)体系结构开放化及通信功能标准化。

(2)系统功能完善化。

(3)I/O 模块智能化及安装现场化。

(4)功能模块专用化。

(5)编程组态软件图形化。

(6)硬件结构集成化、冗余化。

(7)控制与管理功能一体化。

PLC 今后将朝着超小型、专用化和低价格,大型、高速、多功能和分布式全自动网络化方向发展。

## 三、思考与练习

1 什么是可编程序控制器?

2 PLC 的特点是什么?

3 PLC 的应用范围是什么?

4 PLC 的发展趋势是什么?

# 任务二 PLC 的组成及工作原理

## 一、学习目标

(1)掌握可编程序控制器的硬件和软件。
(2)了解可编程序控制器的工作原理。
(3)掌握 PLC 的编程语言。

## 二、相关知识

### (一)PLC 硬件的组成

PLC 基本上由中央处理器(CPU)、存储器、输入/输出接口(缩写为 I/O,包括输入接口、输出接口、外部设备接口、扩展接口等)、外部设备编程器及电源组成(见图 1-3),PLC 内部各组成单元之间通过电源总线、控制总线、地址总线和数据总线连接,外部则根据实际控制对象配置相应设备与控制装置构成 PLC 控制系统。

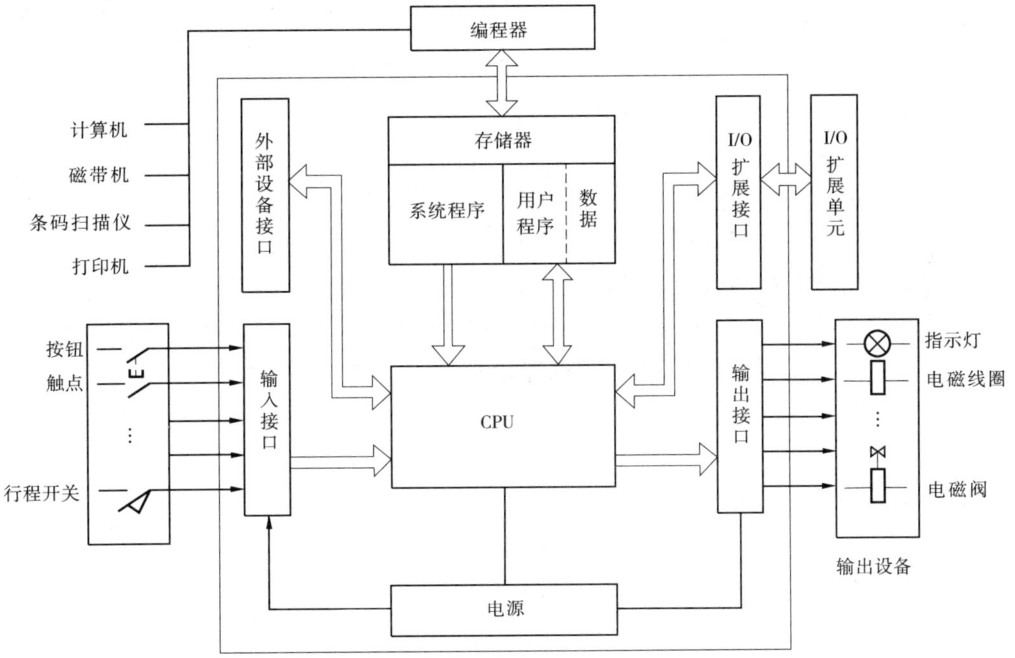


图 1-3 PLC 原理图

1. 中央处理器(CPU)

中央处理器(CPU)由控制器、运算器和寄存器组成,并集成在一个芯片内。CPU 通过数据总线、地址总线、控制总线和电源总线与存储器、输入/输出接口、编程器和电源相连接。CPU 是 PLC 的主要组成部分,它是系统的控制中枢,主要功能是运行程序、接收程序、监控程序。

2. 存储器

1）系统程序存储器

PLC 系统程序决定了 PLC 的基本功能，该部分程序由 PLC 制造厂家编写并固化在系统程序存储器中，主要有系统管理程序、用户指令解释程序和功能程序与系统程序调用等部分。

系统管理程序主要控制 PLC 的运行，使 PLC 按正确的次序工作；用户指令解释程序将 PLC 的用户指令转换为机器语言指令，传输到 CPU 内执行；功能程序与系统程序调用则负责调用不同的功能子程序及其管理程序。

系统程序属于需长期保存的重要数据，所以其存储器采用 ROM 或 EPROM。ROM 是只读存储器，该存储器只能读出内容，不能写入内容，ROM 具有非易失性，即电源断开后仍能保存已存储的内容。EPROM 写入时加高电平，须用紫外线照射芯片上的透镜窗口才能擦除已写入内容，可电擦除可编程只读存储器有 $E^2$PROM、FLASH 等。

2）用户程序存储器

用户程序存储器用于存放用户载入的 PLC 应用程序。载入初期的用户程序因需修改与调试，所以称之为用户调试程序，存放在可以随机读写操作的随机存取存储器（RAM）内，以方便用户修改与调试。

修改与调试后的程序称为用户执行程序，由于不需要再作修改与调试，所以用户执行程序就被固化到 EPROM 内长期使用。

3）数据存储器

PLC 运行过程中需生成或调用中间结果数据（如输入/输出元件的状态数据，定时器、计数器的预置值和当前值等）和组态数据（如输入/输出组态、设置输入滤波、脉冲捕捉、输出表配置、定义存储区保持范围、模拟电位器设置、高速计数器配置、高速脉冲输出配置、通信组态等），这类数据存放在工作数据存储器中。由于工作数据与组态数据不断变化，且不需要长期保存，所以采用随机存取存储器（RAM）。RAM 是一种高密度、低功耗的半导体存储器，可用锂电池作为备用电源，一旦断电就可通过锂电池供电，保持 RAM 中的内容。

3. 输入/输出（I/O）模块

I/O 模块集成了 PLC 的输入与输出电路。其输入单元用来接收和采集输入信号，输入信号的状态由输入暂存器反映；PLC 通过其输出单元去控制各种执行器及外部负载，输出点反映了输出锁存器的状态。

I/O 模块可分为输入和输出只有接通和断开两种状态的开关量 I/O 模块、输出和输入信号为连续变化的模拟量的模拟量 I/O 模块，扩大其应用范围而开发的各种特殊 I/O 模块。

1）开关量输入模块

开关量输入模块对输入信号进行滤波、隔离和电平转换等，以使输入信号的逻辑值安全、可靠地被传送到 PLC 的内部。输入模块的典型电路有直流输入电路、交流输入电路，如图 1-4 所示。

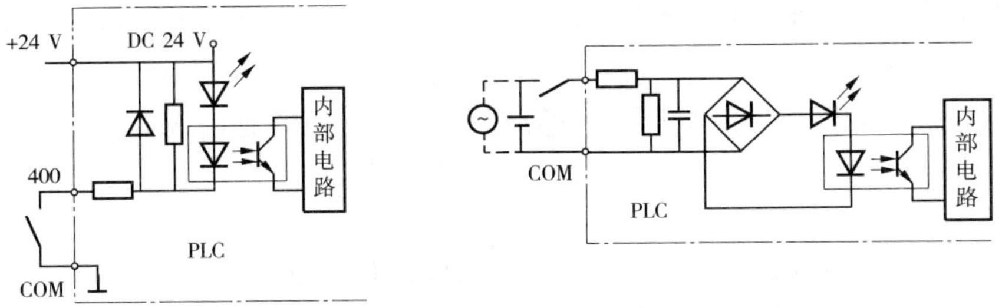


(a)直流输入　　(b)交流输入

**图 1-4　PLC 输入端口电路**

2)开关量输出模块

开关量输出模块具有隔离 PLC 内部电源和外部执行元件的作用,同时还具有功率放大的作用。其输出信号按负载使用的电源分为直流输出(晶体管输出)、交流输出(双向可控硅输出)和交直流输出(继电器输出)三种,如图 1-5 所示。

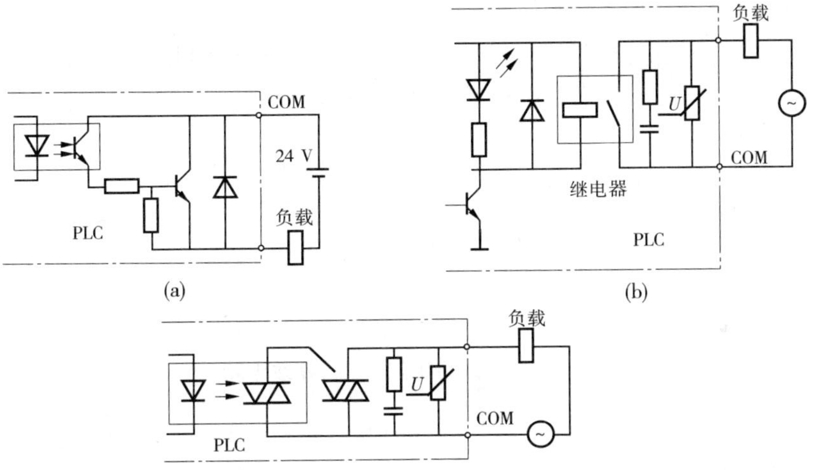


(a)　　(b)　　(c)

**图 1-5　PLC 输出端口电路**

4. 电源

PLC 的电源将外部供给的交流电转换成 CPU、存储器等所需的直流电,是整个 PLC 的能源供给中心。PLC 大都采用高质量的、工作稳定性好的、抗干扰能力强的开关稳压电源,许多 PLC 电源还可向外部提供直流 24 V 稳压电源,用于向输入接口上的电气元件供电,从而简化外围配置。

5. 编程器

编程器的作用是将用户编写的程序下载至 PLC 的用户程序存储器,并利用编程器检查、修改和调试用户程序,监视用户程序的执行过程,显示 PLC 状态、内部器件及系统的参数等。

编程器有简易编程器和图形编程器两种。简易编程器体积小,携带方便,但只能用语句形式进行联机编程,适合小型 PLC 的编程及现场调试。图形编程器既可用语句形式编程，又可用梯形图编程，同时还能进行脱机编程。目前，PLC 制造厂家大都开发了计算机辅助 PLC 编程支持软件，当个人计算机安装了 PLC 编程支持软件后，可用作图形编程器，进行用户程序的编辑、修改，并通过个人计算机和 PLC 之间的通信接口实现用户程序的双向传送、监控 PLC 运行状态等。

6. 外部设备

外部设备包括扩展存储器、通信接口电路、人机界面和特殊扩展模块等。

（二）FX2N 系列 PLC 的软件组成

1. 输入继电器（X）

输入继电器与输入端相连，它是专门用来接收 PLC 外部开关信号的元件。PLC 通过输入接口将外部输入信号状态（接通时为“1”，断开时为“0”）读入并存储在输入映像寄存器中。如图 1-6 所示为输入继电器 X1 的等效电路。

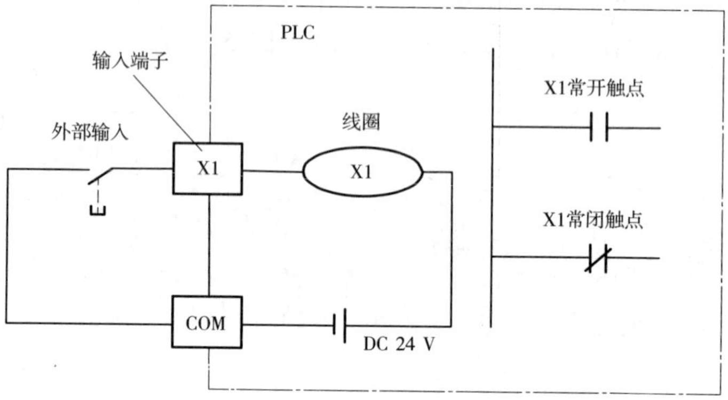


**图 1-6　输入继电器 X1 的等效电路**

输入继电器必须由外部信号驱动，不能用程序驱动，所以在程序中不可能出现输入继电器线圈，其线圈与输入端的外部触点相连，输入端可以外接常开触点或常闭触点，也可以接多个触点组成的串并联电路。由于输入继电器（X）为输入映像寄存器中的状态，所以其触点的使用次数不限。

FX 系列 PLC 的输入继电器以八进制进行编号，FX2N 输入继电器的编号范围为X0 ~ X267（184 点）。例如，FX2N－64M 输入继电器的编号范围为 X0 ~ X37（32 点）。

2. 输出继电器（Y）

输出继电器用来将 PLC 内部信号输出传送给外部负载（用户输出设备）。输出继电器的线圈是由 PLC 内部程序的指令驱动的，其线圈状态传送给输出单元，再由输出单元对应的硬触点来驱动外部负载。如图 1-7 所示为输出继电器 Y0 的等效电路。

输出继电器的通断状态是由程序执行结果来决定的。每个输出继电器在输出单元中都对应有唯一一个常开硬触点，但在程序中供编程的输出继电器，不管是常开触点还是常闭触点，都可以使用无数次。

FX2N 系列 PLC I/O 端口配置如表 1-1 所示。

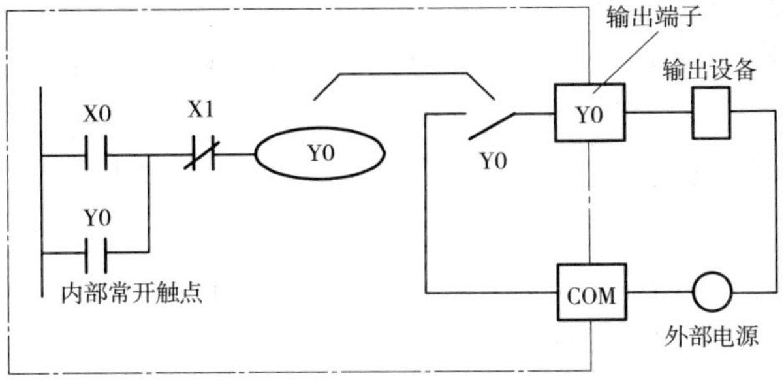


图 1-7 输出继电器 Y0 的等效电路

表 1-1 FX2N 系列 PLC I/O 端口配置

| 型号 | FX2N－16M | FX2N－32M | FX2N－48M | FX2N－64M | FX2N－80M | FX2N－128M | 扩展时 |
|---|---|---|---|---|---|---|---|
| 输入 | X0～X7<br>8 点 | X0～X17<br>16 点 | X0～X27<br>24 点 | X0～X37<br>32 点 | X0～X47<br>40 点 | X0～X77<br>61 点 | X0～X267<br>184 点 |
| 输出 | Y0～Y7<br>8 点 | Y0～Y17<br>16 点 | Y0～Y27<br>24 点 | Y0～Y37<br>32 点 | Y0～Y47<br>40 点 | Y0～Y77<br>61 点 | Y0～Y267<br>184 点 |

3. 辅助继电器

PLC 中设有许多辅助继电器，其结构如图 1-8 所示。每一个辅助继电器的线圈也有许多常开触点和常闭触点供用户编程时使用，辅助继电器是用软件实现的，它们不能直接接收外部的输入信号，也不能直接驱动外部负载，相当于继电器控制系统的中间继电器。

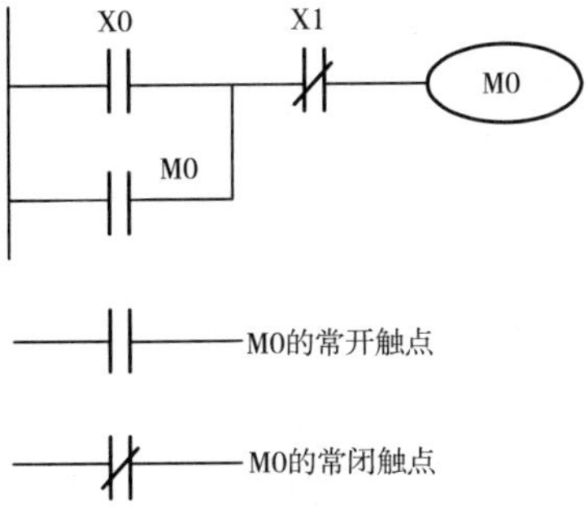


图 1-8 辅助继电器的等效电路

1）通用辅助继电器（M0～M499）

FX2N 系列共有 500 点通用辅助继电器。通用辅助继电器在 PLC 运行时，如果电源突然断电，则全部线圈均保持 OFF 状态。当电源再次接通时，除因外部输入信号而变为 ON 的外，其余的仍将保持 OFF 状态，它们没有断电保护功能。通用辅助继电器常在逻辑运算中作为辅助运算、状态暂存、移位等。根据需要可通过程序设定，将 M0～M499 变为断电保持辅助继电器。

2）断电保持辅助继电器（M500～M3071）

FX2N 系列有 M500～M3071 共 2 572 点断电保持辅助继电器。它与普通辅助继电器不同的是具有断电保护功能，即能记忆电源中断瞬时的状态，并在重新通电后再现其状态。它之所以能在电源断电时保持其原有的状态，是因为电源中断时用 PLC 中的锂电池保持它们映像寄存器中的内容。其中，M500 ~ M1023 可由软件将其设定为通用辅助继电器。

下面通过小车往复运动控制来说明断电保持辅助继电器的应用，如图 1-9 所示。

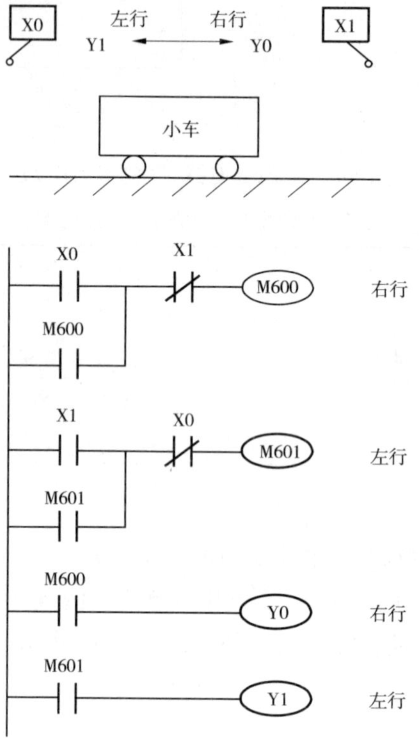


**图 1-9　断电保持辅助继电器的作用**

小车的正反向运动中，用 M600、M601 控制输出继电器驱动小车运动。X1、X0 为限位输入信号。运行的过程是 X0 = ON→M600 = ON→Y0 = ON→小车右行→停电→小车中途停止→上电（M600 = ON→Y0 = ON）再右行→X1 = ON→M600 = OFF、M601 = ON→Y1 = ON（左行）。可见由于 M600 和 M601 具有断电保持，所以在小车中途因停电停止后，一旦电源恢复，M600 或 M601 仍记忆原来的状态，将由它们控制相应的输出继电器，小车继续按原方向运动。若不用断电保持辅助继电器，当小车中途断电后，再次得电小车也不能运动。

3）特殊辅助继电器

PLC 内有大量的特殊辅助继电器，它们都有各自的特殊功能。FX2N 系列中有 256 个特殊辅助继电器，可分成触点型和线圈型两大类。

（1）触点型。其线圈由 PLC 自动驱动，用户只可使用其触点。例如：

M8000：运行监视器（在 PLC 运行中接通），M8001 与 M8000 相反逻辑。

M8002：初始脉冲（仅在运行开始时瞬间接通），M8003 与 M8002 相反逻辑。

M8011、M8012、M8013 和 M8014 分别是产生 10 ms、100 ms 、1 s 和 1 min 时钟脉冲的

特殊辅助继电器。

M8000、M8002、M8012 的波形图如图 1-10 所示。

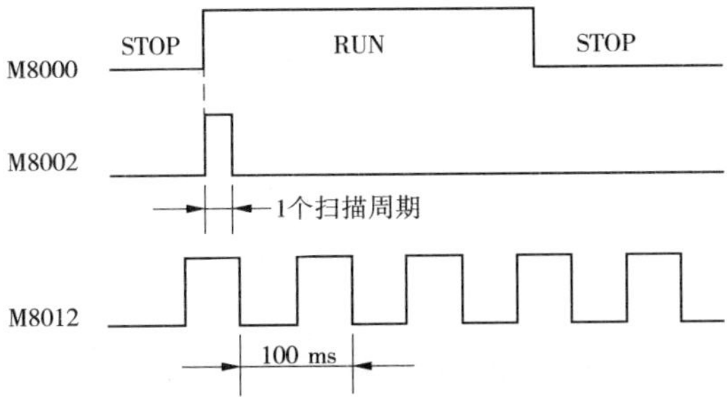


**图 1-10 M8000、M8002、M8012 的波形图**

(2)线圈型。由用户程序驱动线圈后 PLC 执行特定的动作。例如:

M8033:若使其线圈得电,则 PLC 停止时保持输出映像存储器和数据寄存器内容。

M8034:若使其线圈得电,则将 PLC 的输出全部禁止。

M8039:若使其线圈得电,则 PLC 按寄存器 D8039 中指定的扫描时间工作。

4. 状态器(S)

状态器用来记录系统运行中的状态。它是编制顺序控制程序的重要编程元件,与后述的步进顺控指令 STL 配合应用。

如图 1-11 所示,我们用机械手动作简单介绍状态器 S 的作用。当启动信号 X0 有效时,机械手下降到下限 X1 时开始夹紧工件,夹紧到位信号 X2 为 ON 时,机械手上升到上限 X3 则停止。整个过程可分为三步,每一步都用一个状态器(S20、S21、S22)记录。每个状态器都有各自的置位和复位信号(如 S21 由 X1 置位,X2 复位),并有各自要做的操作(驱动 Y0、Y1、Y2)。从启动开始由上至下随着状态动作的转移,下一状态动作则随上面状态自动返回原状。这样使每一步的工作互不干扰,不必考虑不同步之间元件的互锁,使设计清晰简洁。

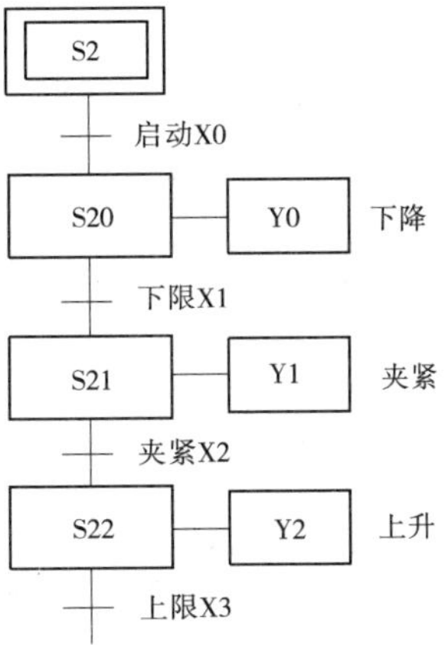


**图 1-11 机械手步进控制**

状态器有五种类型:初始状态器 S0 ~ S9 共 10 点;回零状态器 S10 ~ S19 共 10 点;通用状态器 S20 ~ S499 共 480 点;具有状态断电保持的状态器有 S500 ~ S899,共 400 点;供报警用的状态器(可用作外部故障诊断输出)S900 ~ S999 共 100 点。

在使用状态器时应注意:

(1)状态器与辅助继电器一样有无数的常开触点和常闭触点。

(2)状态器不与步进顺控指令 STL 配合使用时,可作为辅助继电器 M 使用。

(3)FX2N 系列 PLC 可通过程序设定将 S0 ~ S499 设置为有断电保持功能的状态器。

5. 定时器(T)

FX2N 系列中定时器可分为通用定时器和积算定时器两种。它们是通过对一定周期的时钟脉冲进行累积而实现定时的，时钟脉冲有周期为 1 ms、10 ms、100 ms 三种，当所计数达到设定值时触点动作。设定值可用常数 K 或数据寄存器 D 中的内容来设置。

1）通用定时器

通用定时器的特点是不具备断电的保持功能，即当输入电路断开或停电时定时器复位，有 100 ms、10 ms、1 ms 三种。

（1）100 ms 通用定时器（T0～T199）共 200 点。其中，T192～T199 为子程序和中断服务程序专用定时器。这类定时器是对 100 ms 时钟累计计数，设定值为 1～32 767，所以其定时范围为 0.1～3 276.7 s。

（2）10 ms 通用定时器（T200～T245）共 46 点。这类定时器是对 10 ms 时钟累计数，设定值为 1～32 767，所以其定时范围为 0.01～327.67 s。

（3）1 ms 通用定定时器（T246～T249）共 4 点，定时范围为 0.001～32.767 s。

下面举例说明通用定时器的工作原理。如图 1-12 所示，当输入 X0 接通时，定时器 T200 从 0 开始对 10 ms 时钟脉冲进行累计计数，当计数值与设定值 K123 相等时，定时器的常开触点接通 Y0，经过的时间为 123×0.01 s=1.23 s。当 X0 断开后定时器复位，计数值变为 0，其常开触点断开，Y0 也随之 OFF。若外部电源断电，定时器也将复位。

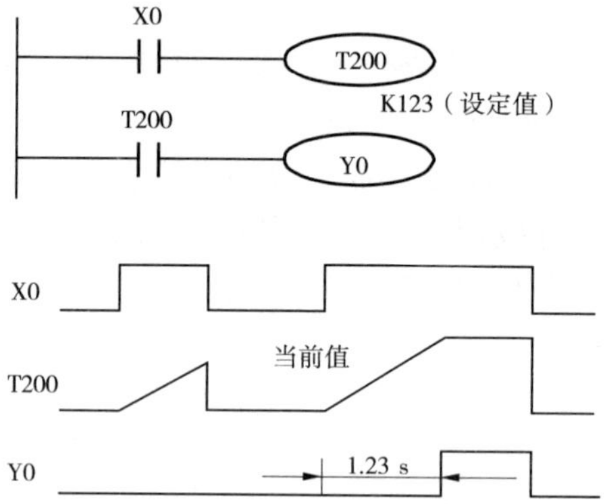


图 1-12 通用定时器的使用

2）积算定时器

积算定时器具有计数累计的功能。在定时过程中如果断电或定时器线圈 OFF，积算定时器将保持当前的计数值（当前值），通电或定时器线圈 ON 后继续累计，即其当前值具有保持功能，只有将积算定时器复位，当前值才变为 0。

以下举例说明积算定时器的工作原理。如图 1-13 所示，当 X0 接通时，核算定时器 T253 开始累计 100 ms 时钟脉冲的个数。当 X0 经 $t_0$ 后断开，而 T253 尚未计数到设定值 K345 时，其计数的当前值保留。当 X0 再次接通，T253 从保留的当前值开始继续累计，经过 $t_1$ 时间，当前值达到 K345 时，定时器的触点动作。累计的时间为 $t_0+t_1=0.1\times345=34.5$（s）。当复位输入 X1 接通时，定时器才复位，当前值变为 0，触点也跟随复位。

6. 计数器（C）

FX2N 系列计数器分为内部计数器和高速计数器两类。

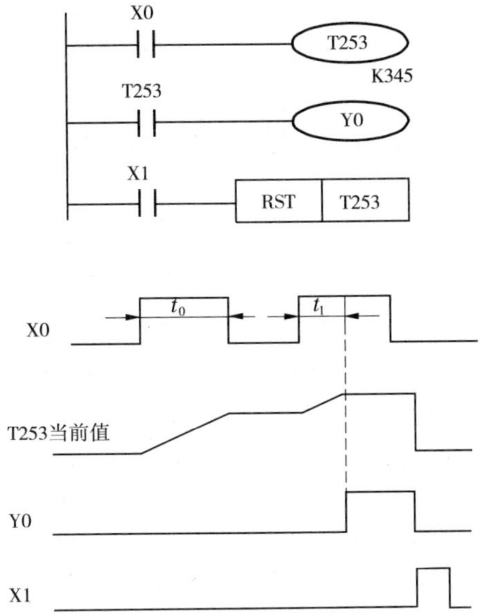


图 1-13 积算定时器的工作原理

1) 内部计数器

内部计数器是在执行扫描操作时对内部信号(如 X、Y、M、S、T 等)进行计数。内部输入信号的接通时间和断开时间应比 PLC 的扫描周期稍长。

16 位增计数器(C0 ~ C199)共 200 点,其中 C0 ~ C99 为通用型,C100 ~ C199 为断电保持型(断电保持型即断电后能保持当前值待通电后继续计数)。这类计数器为递加计数,应用前先对其设置一设定值,当输入信号(上升沿)个数累加到设定值时,计数器动作,其常开触点闭合、常闭触点断开。计数器的设定值为 1 ~ 32 767(16 位二进制),设定值除用常数 K 设定外,还可间接通过指定数据寄存器设定。

下面举例说明通用型 16 位增计数器的工作原理。如图 1-14 所示,X10 为复位信号,当 X10 为 ON 时 C0 复位。X11 是计数输入,每当 X11 接通一次计数器当前值增加 1(注意,X10 断开,计数器不会复位)。当计数器计数当前值为设定值 10 时,计数器 C0 的输出触点动作,Y0 被接通。此后即使输入 X11 再接通,计数器的当前值也保持不变。当复位输入 X10 接通时,执行 RST 复位指令,计数器复位,输出触点也复位,Y0 被断开。

32 位增/减计数器(C200 ~ C234)共有 35 点,其中 C200 ~ C219(共 20 点)为通用型,C220 ~ C234(共 15 点)为断电保持型。这类计数器与 16 位增计数器除位数不同外,还在于它能通过控制实现加/减双向计数。设定值范围为 -214 783 648 ~ +214 783 647(32 位二进制)。

C200 ~ C234 是增计数还是减计数,分别由特殊辅助继电器 M8200 ~ M8234 设定。对应的特殊辅助继电器被置为 ON 时为减计数,置为 OFF 时为增计数。

计数器的设定值与 16 位计数器一样,可直接用常数 K 或间接用数据寄存器 D 中的内容作为设定值。在间接设定时,要用编号紧连在一起的两个数据计数器。

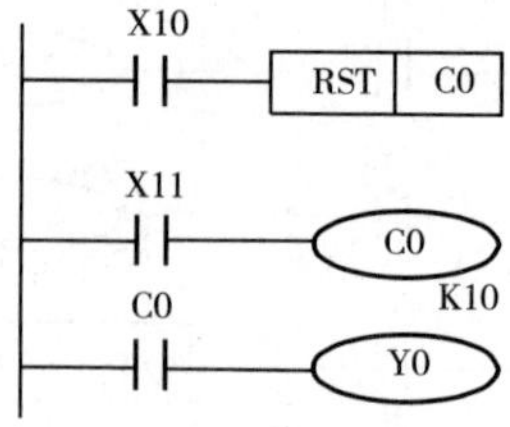


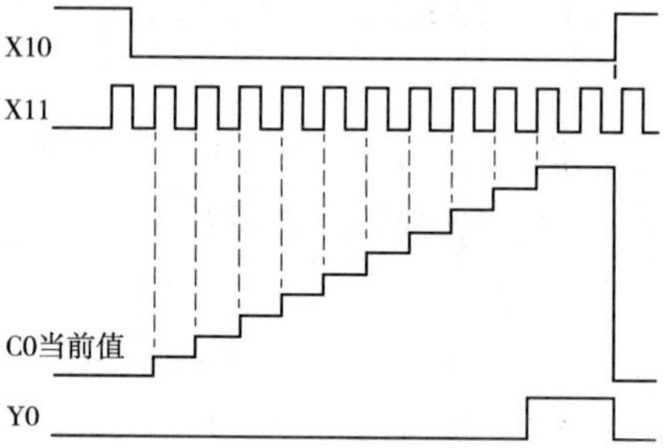


**图 1-14 通用型 16 位增计数器**

如图 1-15 所示，X10 用来控制 M8200，X10 闭合时为减计数方式。X12 为计数输入，C200 的设定值为 5（可正、可负）。设 C200 置为增计数方式（M8200 为 OFF），当 X12 计数输入累加由 4→5 时，计数器的输出触点动作。当前值大于 5 时计数器仍为 ON 状态。只有当前值由 5→4 时，计数器才变为 OFF。只要当前值小于 4，则输出保持为 OFF 状态。复位输入 X11 接通时，计数器的当前值为 0，输出触点也随之复位。

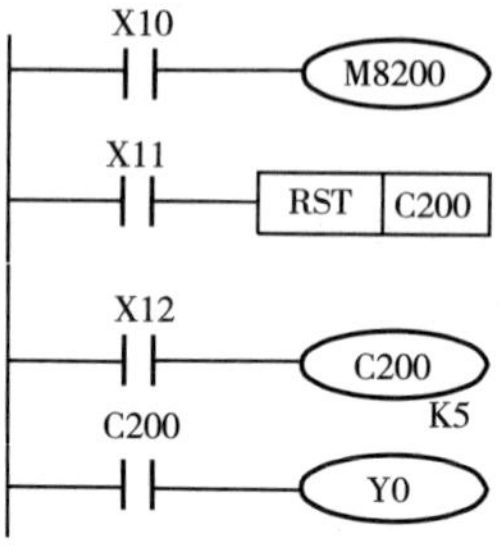


**图 1-15 32 位增/减计数器**

2）高速计数器

高速计数器与内部计数器相比除允许输入频率高外，应用也更为灵活，高速计数器均有断电保持功能，通过参数设定也可变成非断电保持。FX2N 有 C235 ~ C255 共 21 点高速计数器。适合用来作为高速计数器输入的 PLC 输入端口有 X0 ~ X7。X0 ~ X7 不能重复使用，即某一个输入端已被某个高速计数器占用，它不能再用于其他高速计数器，也不能用于他用。

7. 数据寄存器（D）

PLC 在进行输入/输出处理、模拟量控制、位置控制时，需要许多数据寄存器存储数据和参数。数据寄存器为 16 位，最高位为符号位。可用两个数据寄存器来存储 32 位数据，最高位仍为符号位。数据寄存器有以下三种类型。

1)通用数据寄存器(D0 ~ D199)

通用数据寄存器(D0 ~ D199)共 200 点。当 M8033 为 ON 时,D0 ~ D199 有断电保护功能;当 M8033 为 OFF 时,则它们无断电保护,在这种情况下,PLC 由 RUN →STOP 或停电时,数据全部清零。

2)断电保持数据寄存器(D200 ~ D7999)

断电保持数据寄存器(D200 ~ D7999)共 7 800 点,其中 D200 ~ D211(共 12 点)有断电保持功能,可以利用外部设备的参数设定改变通用数据寄存器与有断电保持功能的数据寄存器的分配;D490 ~ D509 供通信用;D512 ~ D7999 的断电保持功能不能用软件改变,但可用指令清除它们的内容。根据参数设定可以将 D1000 以上数据寄存器作为文件寄存器。

3)特殊数据寄存器(D8000 ~ D8255)

特殊数据寄存器(D8000 ~ D8255)共 256 点。特殊数据寄存器的作用是监控 PLC 的运行状态,如扫描时间、电池电压等。未加定义的特殊数据寄存器,用户不能使用。具体可参见用户手册。

8. 变址寄存器(V/Z)

FX2N 系列 PLC 有 V0 ~ V7 和 Z0 ~ Z7 共 16 点变址寄存器,它们都是 16 位的寄存器。变址寄存器 V/Z 实际上是一种特殊用途的数据寄存器,其作用相当于微机中的变址寄存器,用于改变元件的编号(变址),例如 V0 = 5,则执行 D20V0 时,被执行的编号为 D25(D20 +5)。变址寄存器可以像其他数据寄存器一样进行读写,需要进行 32 位操作时,可将 V、Z 串联使用(Z 为低位,V 为高位)。

9. PLC 指针(P、I)

在 FX2N 系列中,指针用来指示分支指令的跳转目标和中断程序的入口标号。它分为分支用指针、中断指针。

1)分支用指针(P0 ~ P127)

FX2N 有 P0 ~ P127(共 128 点)分支用指针。分支用指针用来指示跳转指令(CJ)的跳转目标或子程序调用指令(CALL)调用子程序的入口地址。

如图 1-16 所示,当 X1 常开触点接通时,执行跳转指令 CJ P0,PLC 跳到标号为 P0 处的程序去执行。

2)中断指针(I0□□ ~ I8□□)

中断指针用来指示某一中断程序的入口位置。执行中断后遇到 IRET(中断返回)指令,则返回主程序。中断指针有以下三种类型:

(1)输入中断用指针(I000 ~ I500)共 6 点,用来指示由特定输入端的输入信号而产生中断的中断服务程序的入口位置,这类中断不受 PLC 扫描周期的影响,可以及时处理外界信息。输入中断用指针的编号格式如下:

例如,I101 为当输入 X1 从 OFF→ON 变化时,执行以 I101 为标号的中断程序,并根据

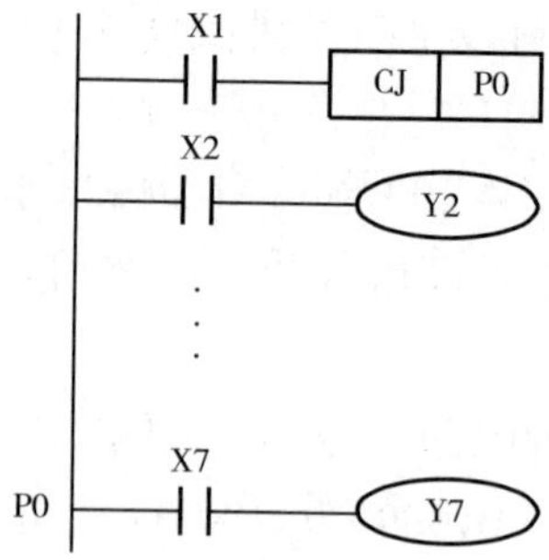


图 1-16 分支用指针

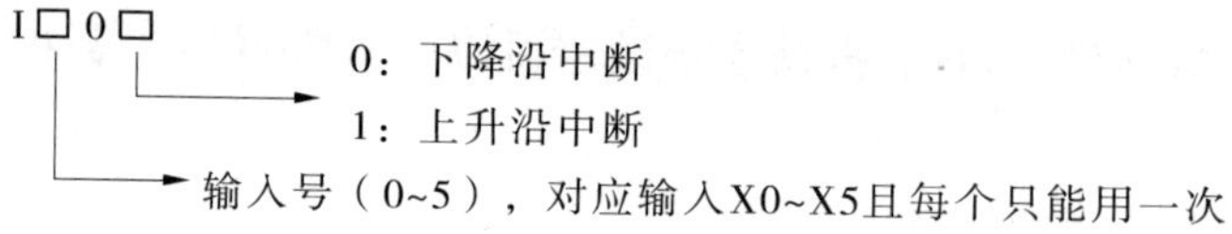


IRET 指令返回。

（2）定时器中断用指针（I6□□ ~ I8□□）共 3 点，用来指示周期定时中断的中断服务程序的入口位置。这类中断的作用是 PLC 以指定的周期定时执行中断服务程序，定时循环处理某些任务，处理的时间不受 PLC 扫描周期的限制。□□表示定时范围，可在 10 ~ 99 ms 中选取。

（3）计数器中断用指针（I010 ~ I060）共 6 点，它们用在 PLC 内置的高速计数器中。根据高速计数器的计数当前值与计数设定值之关系确定是否执行中断服务程序。它常用于利用高速计数器优先处理计数结果的场合。

**（三）PLC 工作原理**

*1. 扫描工作原理*

当 PLC 运行时，CPU 是通过执行反映控制要求的用户程序来完成控制任务的，需要执行众多的操作，但 CPU 不可能同时去执行多个操作，它只能按分时操作（串行工作）方式，每一次执行一个操作，按顺序逐个执行。由于 CPU 的运算处理速度很快，所以从宏观上来看，PLC 外部出现的结果似乎是同时（并行）完成的。这种串行工作过程称为 PLC 的扫描工作方式。用扫描工作方式执行用户程序时，扫描是从第一条程序开始，在无中断或跳转控制的情况下，按程序存储顺序的先后，逐条执行用户程序，直到程序结束。然后从头开始扫描执行，周而复始重复运行。PLC 的扫描工作方式与电气控制的工作原理明显不同。电气控制装置采用硬逻辑的并行工作方式，如果某个继电器的线圈通电或断电，那么该继电器的所有常开触点和常闭触点不论处在控制线路的哪个位置上，都会立即同时动作；而 PLC 采用扫描工作方式（串行工作方式），如果某个软继电器的线圈被接通或断开，其所有的触点不会立即动作，必须等扫描到该触点时才会动作。但由于 PLC 的扫描速度快，通常 PLC 与电气控制装置在 I/O 的处理结果上并没有什么差别。

*2. PLC 扫描工作过程*

PLC 扫描工作过程除执行用户程序外，还要完成内部处理、通信服务工作。如图 1-17 所示，整个扫描工作过程包括内部处理、通信服务、输入采样、程序执行、输出刷新五个阶段。整个过程扫描执行一遍所需的时间称为扫描周期。扫描周期与 CPU 运行速度、PLC 硬件配置及用户程序长短有关，典型值为 1～100 ms。

在内部处理阶段，进行 PLC 自检，检查内部硬件是否正常，对监视定时器（WDT）复位以及完成其他一些内部处理工作。

在通信服务阶段，PLC 与其他智能装置实现通信，响应编程器键入的命令，更新编程器的显示内容等。

当 PLC 处于停止（STOP）状态时，只完成内部处理和通信服务工作。当 PLC 处于运行（RUN）状态时，除完成内部处理和通信服务工作外，还要完成输入采样、程序执行、输出刷新工作。

PLC 的扫描工作方式简单直观，便于程序的设计，并为可靠运行提供了保障。当 PLC 扫描到的指令被执行后，其结果马上就被后面将要扫描到的指令利用，而且还可通过 CPU 内部设置的监视定时器来监视每次扫描是否超过规定时间，避免由于 CPU 内部故障使程序执行进入死循环。

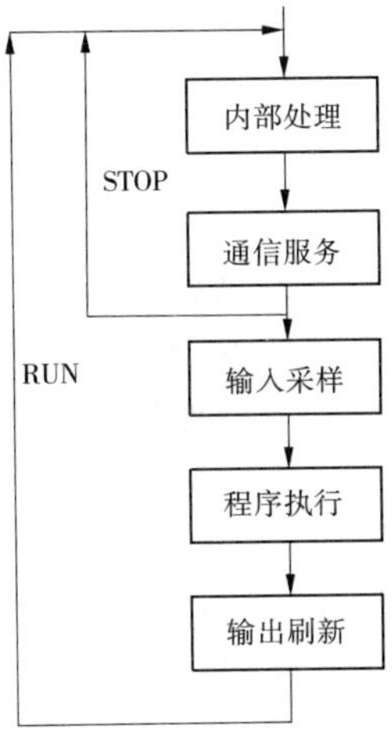


图 1-17　扫描过程示意图

3. PLC 执行程序的过程及特点

PLC 执行程序的过程分为三个阶段，即输入采样阶段、程序执行阶段、输出刷新阶段，如图 1-18 所示。

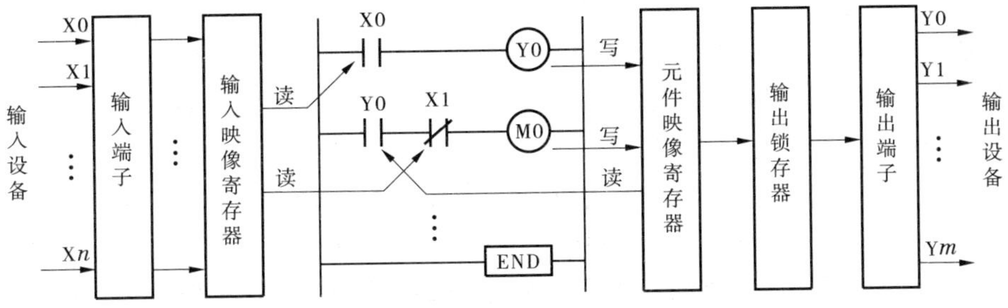


图 1-18　PLC 执行程序过程示意图

1）输入采样阶段

在输入采样阶段，PLC 以扫描工作方式按顺序对所有输入端的输入状态进行采样，并存入输入映像寄存器中，此时输入映像寄存器被刷新。接着进入程序处理阶段，在程序执行阶段或其他阶段，即使输入状态发生变化，输入映像寄存器的内容也不会改变，输入状态的变化只有在下一个扫描周期的输入处理阶段才能被采样到。

因此，PLC 在一个扫描周期内，对输入状态的采样只在输入采样阶段进行。当 PLC 进入程序执行阶段后输入端将被封锁，直到下一个扫描周期的输入采样阶段才对输入状态进行重新采样。此方式称为集中采样，即在一个扫描周期内，集中一段时间对输入状态进行采样。

2）程序执行阶段

在程序执行阶段，PLC对程序按顺序进行扫描执行。若程序用梯形图来表示，则总是按先上后下、先左后右的顺序进行。当遇到程序跳转指令时，则根据跳转条件是否满足来决定程序是否跳转。当指令中涉及输入、输出状态时，PLC从输入映像寄存器和元件映像寄存器中读出，根据用户程序进行运算，运算的结果再存入元件映像寄存器中。对于元件映像寄存器来说，其内容会随程序执行的过程而变化。

3）输出刷新阶段

当所有程序执行完毕后，进入输出刷新阶段。在这一阶段里，PLC将元件映像寄存器中与输出有关的状态（输出继电器状态）转存到输出锁存器中，并通过一定方式输出，驱动外部负载。

在用户程序中如果对输出结果多次赋值，则最后一次有效。在一个扫描周期内，只在输出刷新阶段才将输出状态从元件映像寄存器中输出，对输出接口进行刷新。在其他阶段里输出状态一直保存在元件映像寄存器中。这种方式称为集中输出。

**（四）PLC的编程语言**

1. 顺序功能图

顺序功能图被认为是一种结构块控制程序流程图。这是一种位于其他编程语言之上的图形语言。用来编制顺序控制程序时，只要对被控过程的工艺流程非常熟悉就可以协助进行SFC的设计，因此它是各专业技术人员进行交流的桥梁。但多数通用编程器不能直接对SFC进行编辑，必须将其转换成对应的指令表输入编程器实现程序的编译。

2. 梯形图

梯形图是使用得最多的可编程序控制器图形编程语言。梯形图与继电器控制系统的电路图很相似，具有直观易懂的优点，很容易被工厂熟悉继电器控制的电气人员掌握，特别适用于开关量逻辑控制。IEC1131－3的梯形图中除线圈、常开触点和常闭触点外，还允许增加功能和功能块。通常我们把梯形图称为电路或程序，把梯形图的设计叫作编程。

梯形图的编程特点如下所述：

（1）梯形图中的某些编程元件沿用了继电器这一名称，如输入继电器、输出继电器、辅助继电器等，但是它们不是真实的物理继电器（硬件继电器），而是在软件中使用的编程元件。

（2）梯形图按自上而下、从左到右的顺序排列，其左侧的垂直公共线称为左母线，从左母线开始，按一定的控制要求和规则连接每个触点，最后以继电器线圈结束，这样一段电路成为一逻辑行，最右边还可以加一条竖线，称为右母线。

（3）在分析梯形图的逻辑关系时，可以借用继电器电路图的分析方法，想象左右两侧母线之间有一个左正右负的直流电源电压，当电源被接通时，会有一个假想的“概念电流”或“能流”（power flow）从左向右流动，这一方向与执行用户程序时的逻辑运算的顺序是一致的，见图1-19。

（4）能流只能从左向右流动，图1-20（a）中可能有两个方向的能流流过触点5（经过触点1、5、4或经过触点3、5、2），无法将该图转换为指令表，因此应将它改为图1-20（b）所示的等效电路。

(5)根据梯形图中各触点的状态和逻辑关系，求出与图 1-21 中各线圈对应的编程元件的 ON/OFF 状态，称为梯形图的逻辑解算。逻辑解算是按梯形图中从上到下、从左至右的顺序进行的。解算的结果，马上可以被后面的逻辑解算利用。逻辑解算是根据输入映像寄存器中的值，而不是根据瞬时外部输入触点的状态来进行解算的。

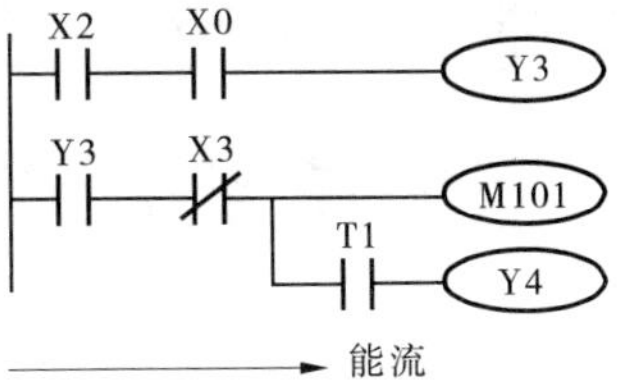


**图 1-19　能流示意图**

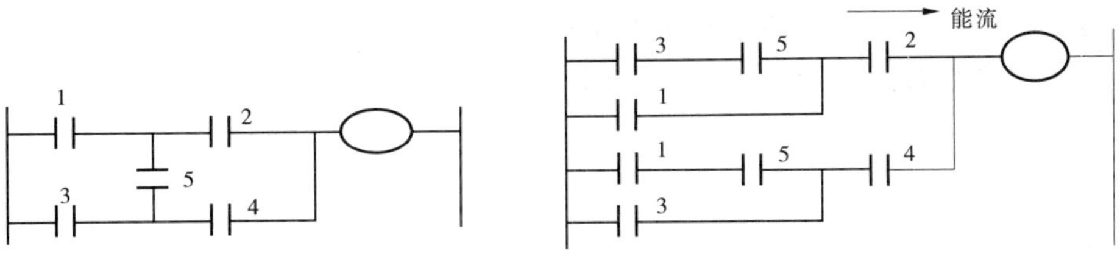


（a）错误的梯形图　　（b）改正后的梯形图

**图 1-20　桥式接法的优化**

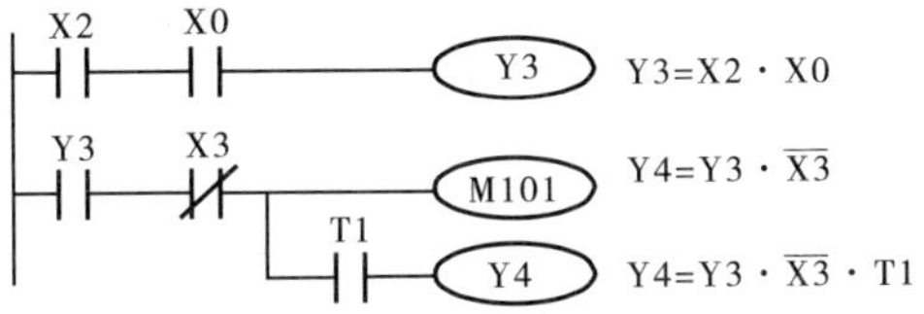


**图 1-21　梯形图的逻辑解算**

(6)梯形图中各编程元件的常开触点和常闭触点均可以无限多次地使用，也可以任意串联和并联使用，但各编程元件的线圈之间只能并联不能串联。而且，线圈必须放在最右边。

3. 指令表

由若干条指令组成的程序叫作指令表程序，有的厂家将指令称为语句。可编程序控制器的指令是一种与微机的汇编语言中的指令相似的助记符表达式，但是小型可编程序控制器的指令系统比汇编语言的简单得多，指令表程序较难阅读，其中的逻辑关系很难一眼看出，所以在设计时一般使用梯形图语言。如果使用简易编程器，则必须将梯形图转换成指令表后再写入可编程序控制器，这种转换的规则是很简单的。在用户程序存储器中，指令按步序号顺序排列 。不同厂家生产的 PLC 所使用的指令助记符是不同的。

## 三、思考与练习

1　PLC 的工作方式是什么？
2　什么叫扫描周期？一个扫描周期内可完成 PLC 哪几个阶段的工作？
3　PLC 开关量输出模块有哪些类型？它们各自的特点是什么？
4　PLC 有哪些编程的软元件？各有什么作用？

5 PLC 的编程语言主要有哪些？梯形图的编程特点是什么？

# 任务三 GX Developer 编程软件的使用

## 一、学习目标

(1)熟悉 GX Developer 编程软件的主要功能。
(2)掌握 GX Developer 编程软件的基本操作。
(3)能够熟练使用 GX Developer 编程软件。

## 二、相关知识

### (一)GX Developer 的概要

GX Developer 主要是指能执行以下功能的软件包：

(1)程序的创建，如图 1-22 所示。

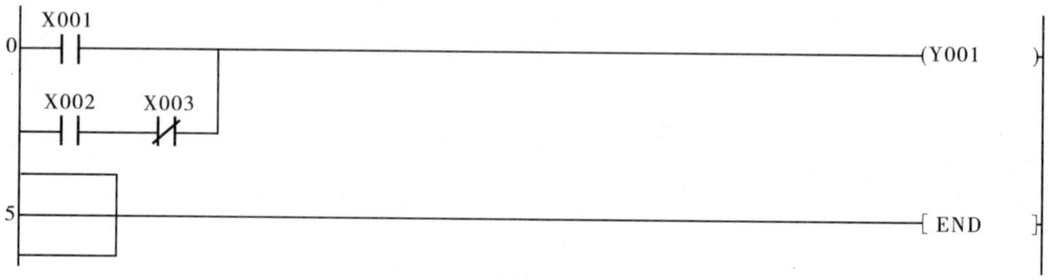


图 1-22 程序的创建

(2)对可编程序控制器 CPU 进行写入、读出，如图 1-23 所示。

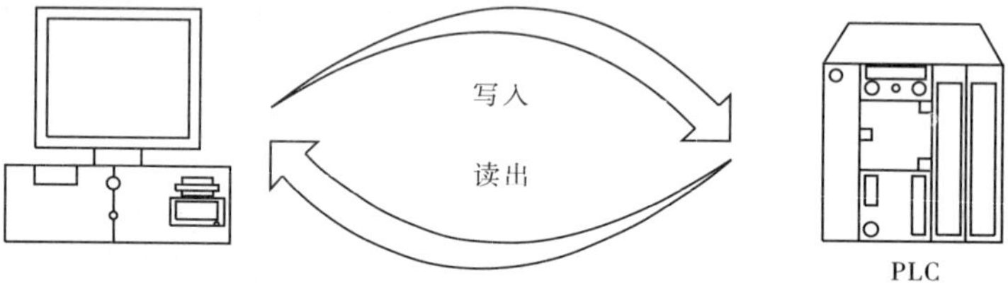


图 1-23 对可编程序控制器 CPU 进行写入、读出

(3)监视。有梯形图监视、软元件批量监视(见图 1-24)、软元件登录监视功能。

| 软元件 | +F E D C +B A 9 8 +7 6 5 4 +3 2 1 0 | |
|---|---|---|
| D0 | 0000 0000 0110 0100 | 100 |
| D1 | 0000 0000 0111 1011 | 123 |
| D2 | 0000 0001 1101 0100 | 468 |

图 1-24 软元件批量监视

(4)调试。将所创建的顺控程序写入到可编程序控制器 CPU 中，对顺控程序能否正常动作进行测试。

(5)PLC诊断。由于显示了当前的出错状态以及故障记录等,因此可以在短时间内完成除错。此外,通过系统监视(仅为QCPU(Q模式))可以获取关于特殊功能的详细信息,因此在出错时可以在更短的时间内完成除错。

(二)GX Developer的应用技巧

以下介绍三菱PLC编程软件GX Developer的基本应用技巧。

1. 打开程序

单击“开始”→“所有程序”→“MELSOFT应用程序”→“GX Developer”, 如图1-25所示,打开工作界面如图1-26所示。

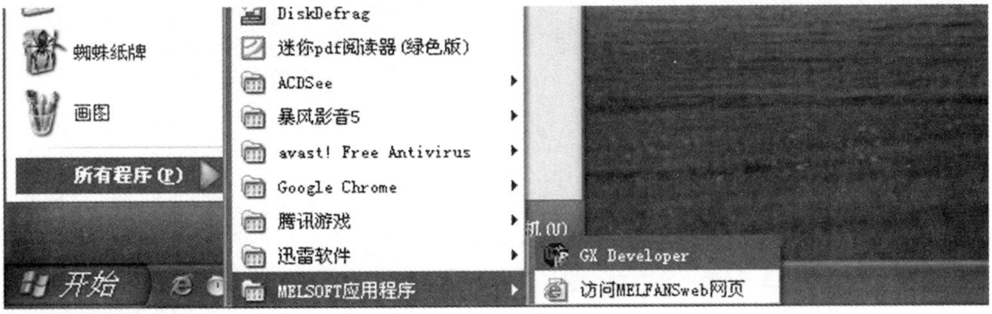

图1-25 打开程序步骤

图1-26 工作界面

2. 创建新工程

单击“工程(F)”→“创建新工程(N)”或单击“工程”下面的图标,即出现如图1-27所示的对话框。

“PLC系列”选择FXCPU,“PLC类型”选择FX2N(C),“程序类型”默认为“梯形图”。

勾选“设置工程名”,在“工程名”框中输入程序名称,如“正反转”。点击“确定”,因

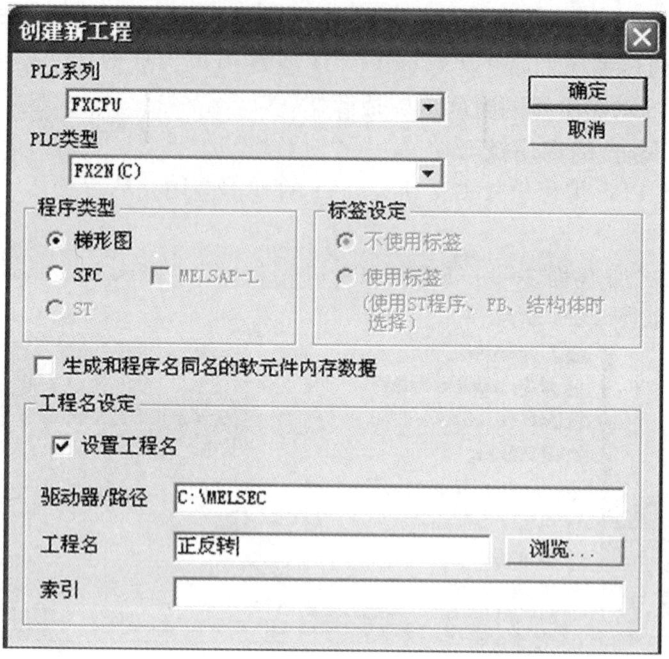


图 1-27

为在 C 盘没有此文件夹,所以会出现如图 1-28 所示对话框。

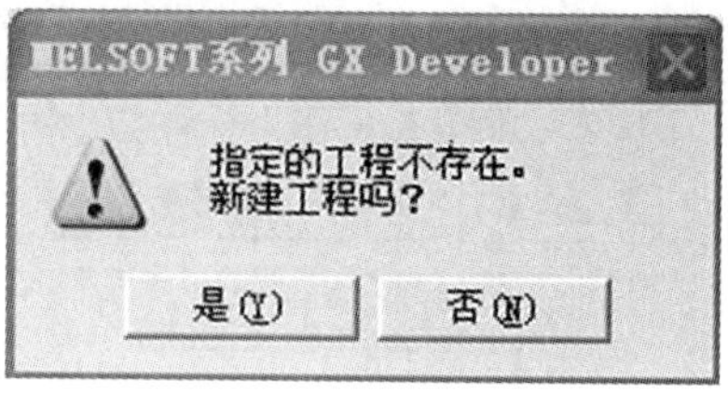


图 1-28

选择“是”,在 C 盘新工程建立完毕,此时便进入编程界面。本软件可用于三菱的 A 系列、Q 系列和 FX 系列等的 PLC。

如果不想在 C 盘建立此文件夹,可以点击“浏览”出现“驱动器/路径”界面,如图 1-29 所示。

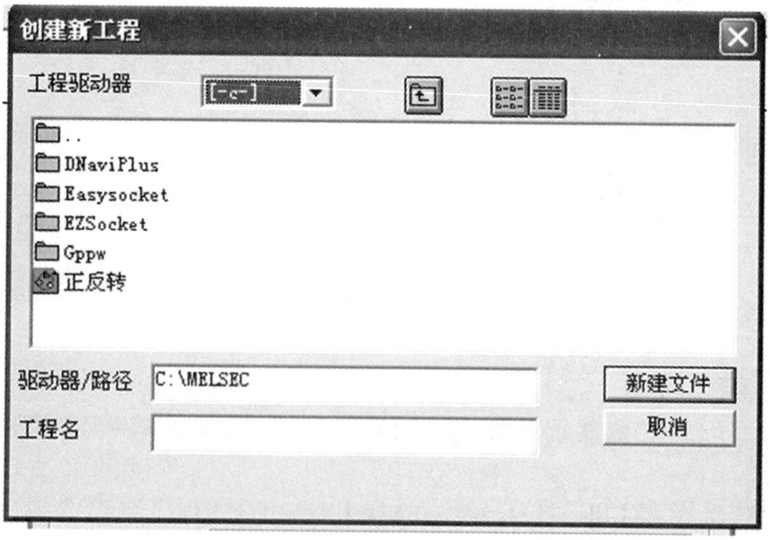


图 1-29

选择“驱动器/路径”（如 E 盘），填写工程名（如正反转），于是在 E 盘新工程建立完毕，如图 1-30 所示。

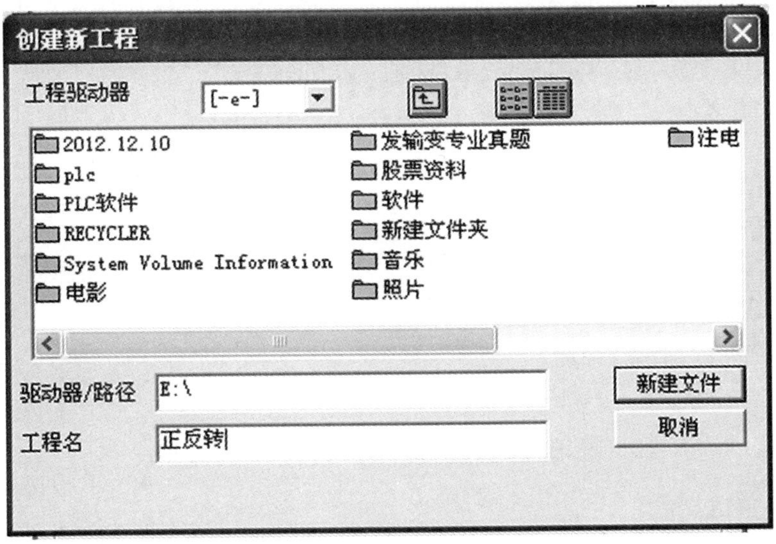


图 1-30

点击“新建文件”，恢复到“创建新工程”界面，如图 1-31 所示。

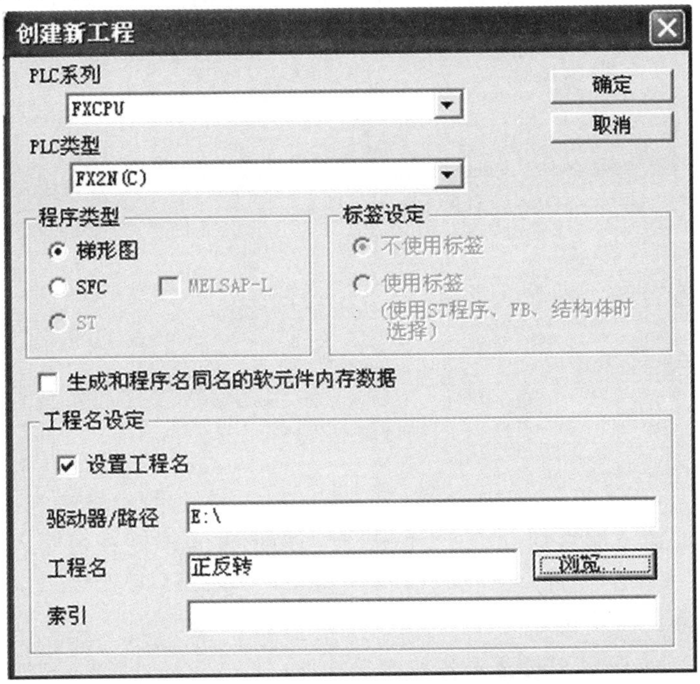


图 1-31

点击“确定”，因为在 E 盘没有此文件夹，所以会出现如图 1-28 所示的对话框。

点击“是”，在 E 盘新工程建立完毕，此时便进入编程界面（见图 1-32）。

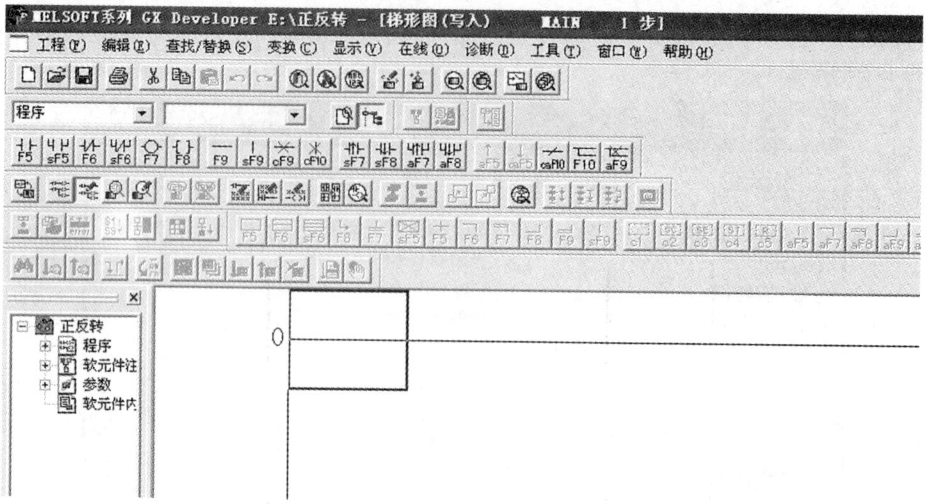

图 1-32

3. 输入梯形图

输入梯形图有两种方法，一是利用工具条中的快捷键输入，另一种是直接用键盘输入，如 F5、F6、F7、F8、F9、F10。下面以一段简单的程序为例说明这两种输入方法。

首先进入编程界面，如图 1-33 所示。

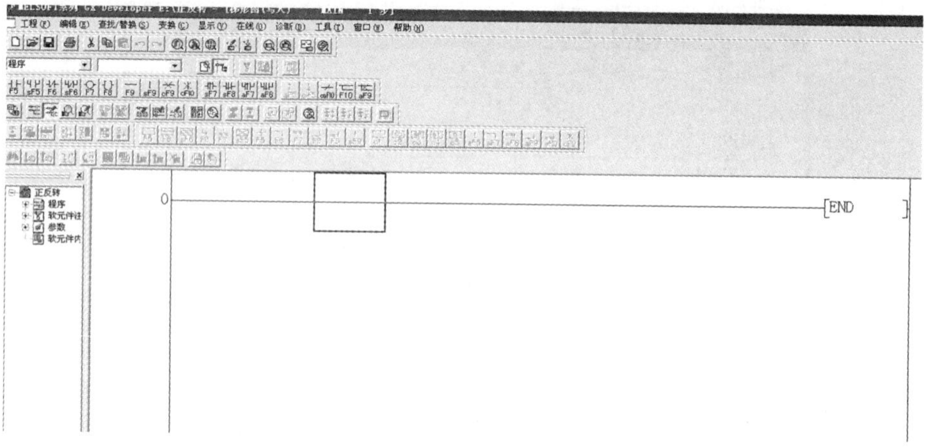

图 1-33

在画面上我们清楚地看到，最左边是根母线，矩形框表示现在可写入区域，上方有菜单，只要任意点击其中的元件，就可得到所要的线圈、触点等。

1）用工具条中的快捷键输入

下面解释图 1-34 所示工具条中各按钮的功能。

F5—输入常开触点；sF5—输入并联常开触点；F6—输入常闭触点；sF6—输入并联常闭触点；F7—输入线圈；F8—输入功能指令；F9—输入直线；sF9—输入竖线；cF9—横线删除；cF10—竖线删除；sF7—上升沿脉冲；sF8—下降沿脉冲；aF7—并联上升沿脉冲；aF8—并联下降沿脉冲；caF10—运算结果取反；F10—划线输入；aF9—划线删除。

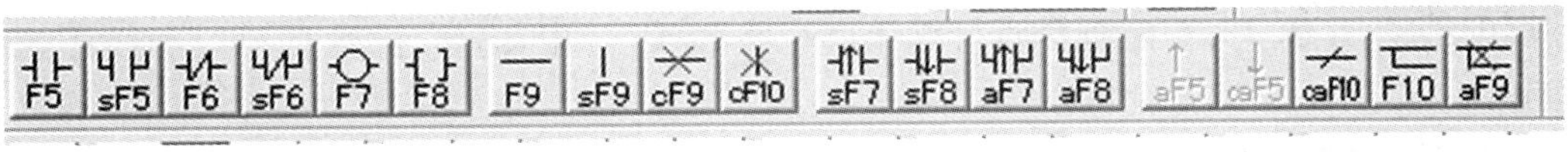


图 1-34

如要在某处输入 X0,只要把光标移动到所需要写的地方,然后在菜单上选中 ┤ ├ 触点,出现如图 1-35 所示的画面。再输入 X0,点击确定,即可完成写入 X0。

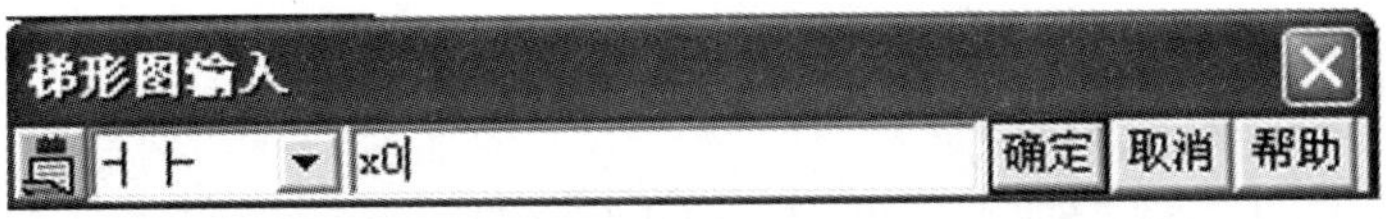


图 1-35

如要输入一个定时器,先选中线圈,再输入一些数据,图 1-36 显示了其操作过程。

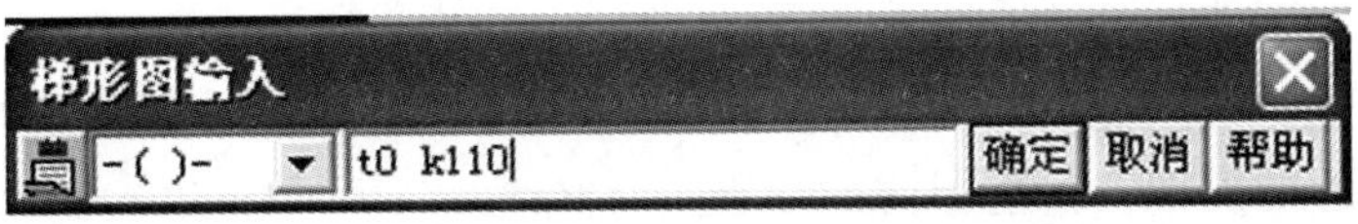


图 1-36

对于计数器,因为它有时要用到两个输入端,所以在操作上既要输入线圈部分,又要输入复位部分,其操作过程如图 1-37 所示。

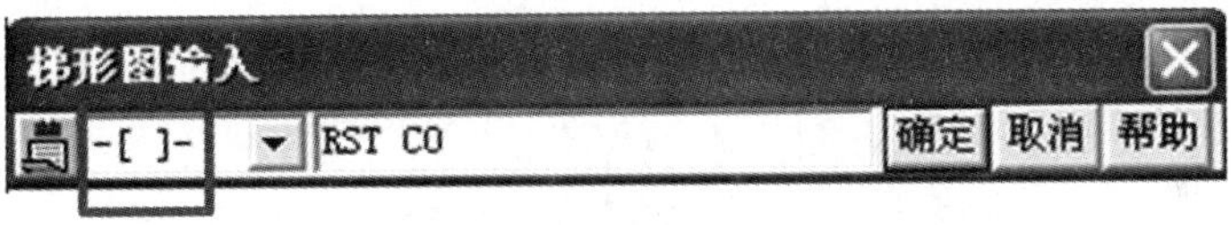


图 1-37

注意,在图 1-38 中的指令标记部分,它选中的是应用指令,而不是线圈。

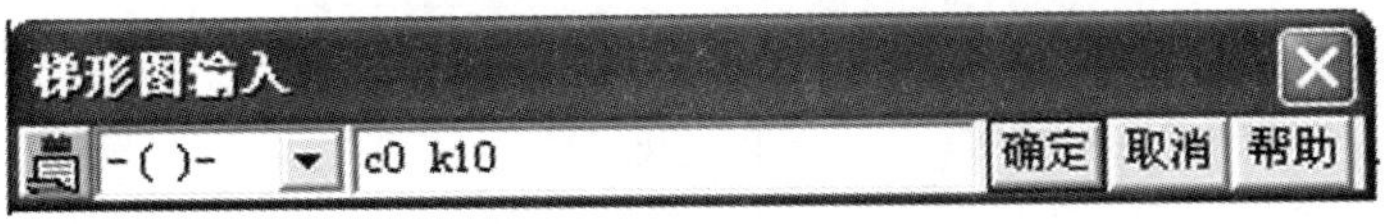


图 1-38

如果需要画梯形图中的其他一些线、输出触点、定时器、计时器、辅助继电器等,在菜单上都能方便地找到,再输入元件编号即可。在编程软件中还有其他的一些功能菜单,如果把光标指向菜单上的某处,在屏幕的左下角就会显示其功能,或者打开菜单上的"帮助",可找到一些快捷键列表、特殊继电器、寄存器等信息,同学们可自己边学习边练习。

2)从键盘输入

如果键盘使用熟练,直接从键盘输入则更方便,效率更高。首先使光标处于第一行的首端。比如,在键盘上直接敲入 LD X0,同样出现一个对话框,再敲回车键(Enter),则程序输入。接着键入 OUT Y0,再敲回车键(Enter),则线圈输入。用同样方法可以输入其他软元件。用键盘输入时,可以不管程序中各触点的连接关系,常开触点用 LD ,常闭触点用 LDI,线圈用 OUT ,功能指令直接输入助记符和操作数。但要注意,助记符和操作数之间用空格隔开。对于出现的分支、自锁等关系,可以直接用竖线补上。通过一定的练习和摸索,就能熟练地掌握程序输入的方法。

4. 梯形图编辑

1)触点的修改、添加和删除

修改:把光标移在需要修改的触点上,直接输入新的触点,回车即可,则新的触点覆盖原来的触点。也可以把光标移到需要修改的触点上,双击,则出现一个对话框,在对话框中输入新触点的标号,回车即可。

添加:把光标移在需要添加触点处,直接输入新的触点,回车即可。

删除:把光标点在需要删除的触点上,再按键盘的“Delete”键,即可删除,再点击直线,回车即可。用直线覆盖原来的触点。

2)行插入和行删除

行插入:先将光标移到要插入行的地方,点击“编辑(E)”,弹出下拉菜单,再点击“行插入(N)”,则在光标处出现一个空行,就可以输入一行程序;用同样的方法,可以继续插入行。

行删除:先将光标移到要删除行的地方,点击“编辑(E)”,弹出下拉菜单,再点击“行删除(E)”,就删除了一行;用同样的方法可以继续删除。注意,“END”是不能删除的。

3)梯形图的转换及保存操作

编辑好的程序先通过执行“变换”菜单→“变换”操作或按 F4 键变换后,才能保存,如图 1-39所示。在变换过程中显示梯形图变换信息(见图 1-40),如果在不完成变换的情况下关闭梯形图窗口,新创建的梯形图将不被保存。

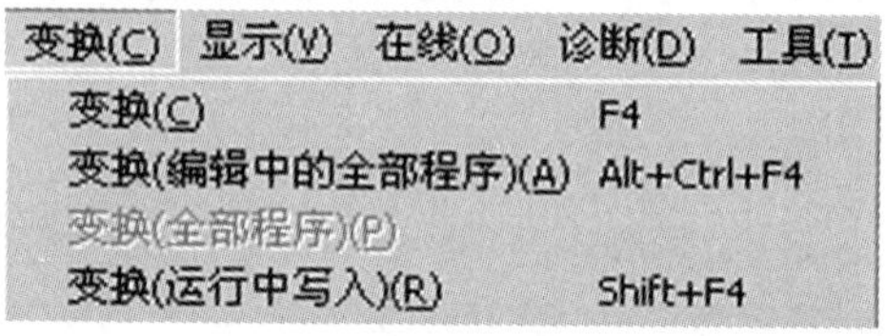


图 1-39

图 1-40

5. 程序调试及运行

1)程序的检查

执行“诊断”菜单→“PLC 诊断”命令,进行程序检查,如图 1-41 所示。PLC 诊断对话框如图 1-42 所示。

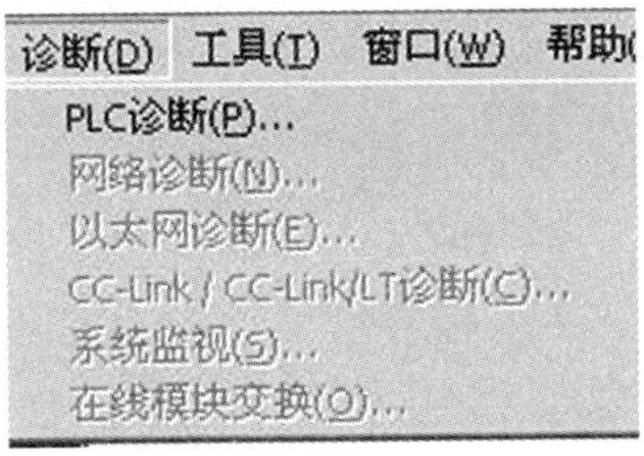


图 1-41

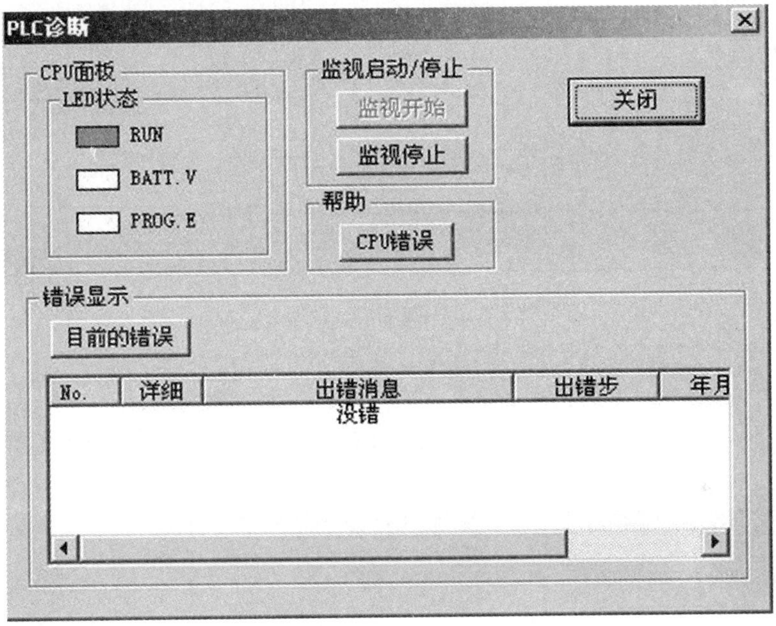


图 1-42

2）程序的写入

PLC 在 STOP 模式下，执行"在线"菜单→"PLC 写入"命令，出现 PLC 写入对话框，选择"参数 + 程序"，再按"执行"，完成将程序写入 PLC，如图 1-43 所示。

3）程序的读取

PLC 在 STOP 模式下，执行"在线"菜单→"PLC 读取"命令，可将 PLC 中的程序发送到计算机中。传送程序时，应注意以下问题：计算机的 RS232C 端口与 PLC 之间必须用指定的缆线及转换器连接；PLC 必须在 STOP 模式下，才能执行程序传送；执行完"PLC 写入"后，PLC 中的程序将被丢失，原有的程序将被写入的程序所替代；在"PLC 读取"时，程序必须在 RAM 或 $E^2PROM$ 内存保护关断的情况下读取。

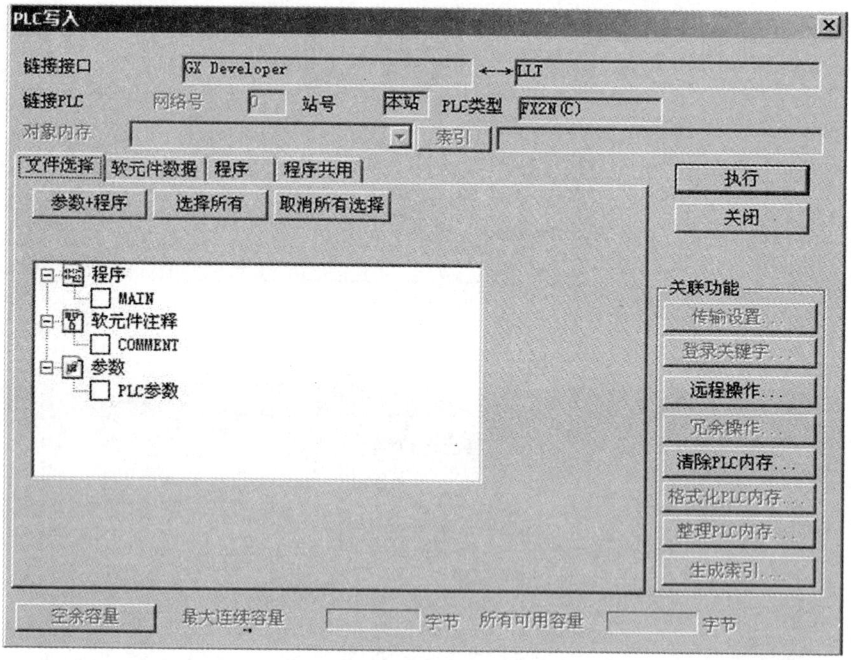


图 1-43

6. 程序的运行及监控

1）运行

执行“在线”菜单→“远程操作”命令，将 PLC 设为 RUN 模式（见图 1-44），程序开始运行。

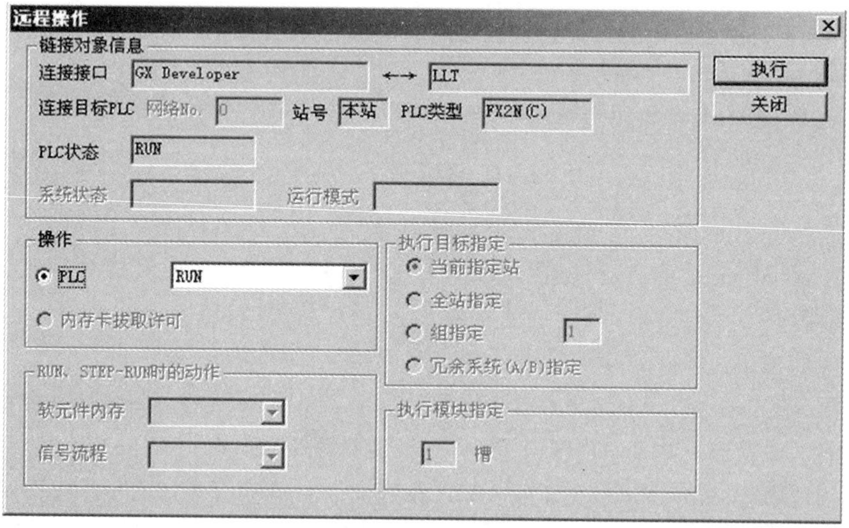


图 1-44

2）监控

执行程序运行后，再执行“在线”菜单→“监视”命令（见图 1-45），可对 PLC 的运行过程进行监控。

结合控制程序,操作有关输入信号,观察输出状态。

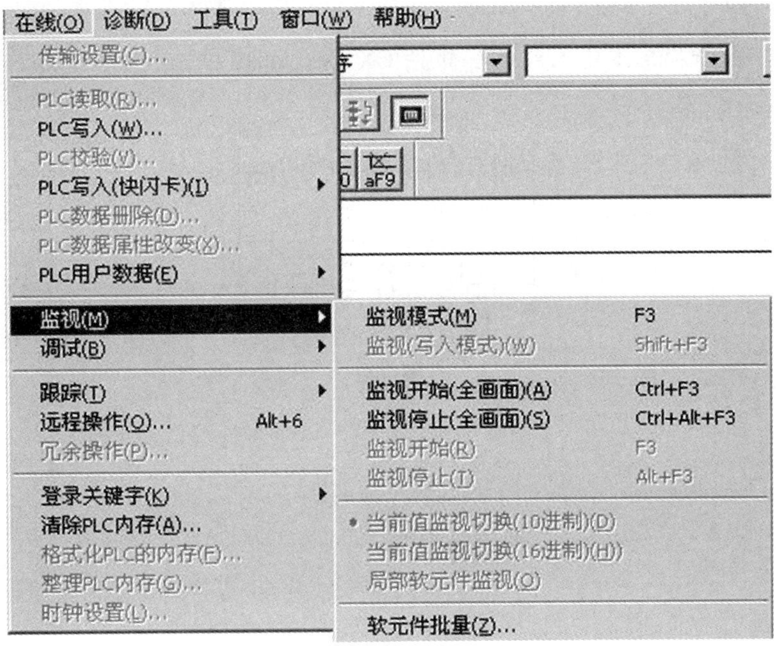


图 1-45

7. 程序的调试

程序运行过程中出现的错误有以下两种:

(1)一般错误:运行的结果与设计的要求不一致,需要修改程序。先执行“在线”菜单→“远程操作”命令,将 PLC 设为 STOP 模式,再执行“编辑”菜单→“写模式”命令,再从“4. 梯形图编辑”开始执行(输入正确的程序),直到程序正确。

(2)致命错误:PLC 停止运行, PLC 上的 ERROR 指示灯亮。需要修改程序时,先执行“在线”菜单→“清除 PLC 内存”命令,如图 1-46 所示;将 PLC 内的错误程序全部清除后,再从“4. 梯形图编辑”开始执行(输入正确的程序),直到程序正确。

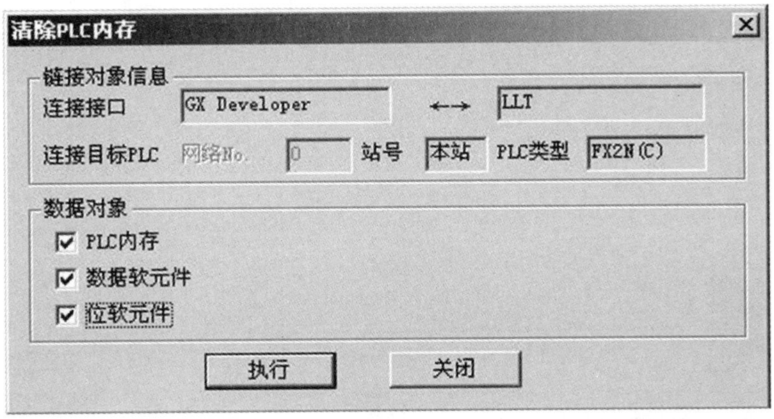


图 1-46

## 三、思考与练习

将图 1-47 所示梯形图输入到编程软件 GX Developer 中，变换并传送到 PLC，并监控 PLC 运行。

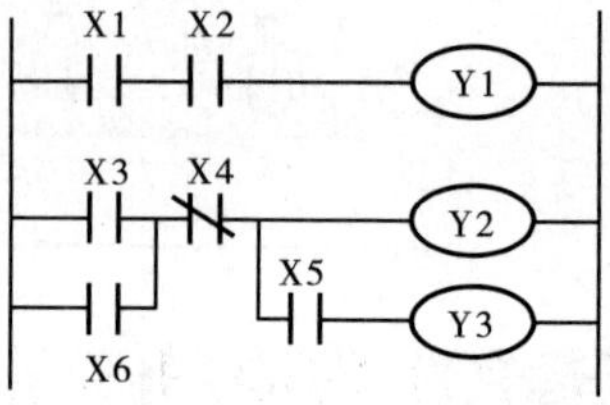


图 1-47

# 项目二　三相异步电动机的控制

## 任务一　三相异步电动机的连续控制

### 一、学习目标

(1)掌握 FX2N 系列 PLC 的基本编程指令 LD、LDI、AND、ANI、OUT、SET、RST。
(2)掌握梯形图程序的启、保、停电路。
(3)熟练 FX2N 系列 PLC 的外部接线。

### 二、任务描述

生产机械中几乎所有的运动部件都由电动机来拖动，电动机最基本的控制就是启动(启)、连续运转(保)、停止(停)，传统的继电器－接触器控制如图 2-1 所示。本项目采用可编程序控制器对电动机进行启、保、停的控制，并且具有短路保护和过载保护等必要的保护措施。

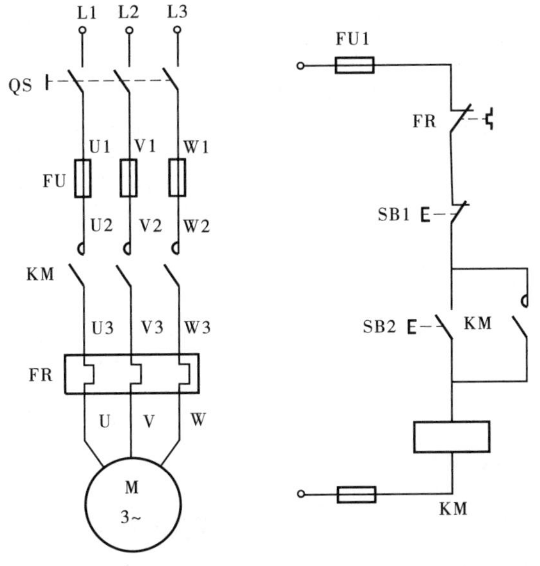


图 2-1　传统的继电器－接触器控制

## 三、相关知识

### （一）FX2N 系列基本编程指令 LD、LDI、OUT 、AND、ANI、OR、ORI、SET、RST 的使用

1. LD、LDI、OUT

LD：取指令，表示每一行程序中第一个与母线相连的常开触点。另外，与项目三讲到的 ANB、ORB 指令组合，在分支起点处也可使用。

LDI：取反指令，与 LD 的用法相同，但 LDI 是对常闭触点。

LD、LDI 两条指令的目标元件是 X、Y、M、S、T、C。

OUT：线圈驱动指令，是对输出继电器（Y）、辅助继电器（M）、状态器（S）、定时器（T）、计数器（C）的线圈驱动，对输入继电器（X）不能使用。

LD、LDI、OUT 指令的使用说明如图 2-2 所示。

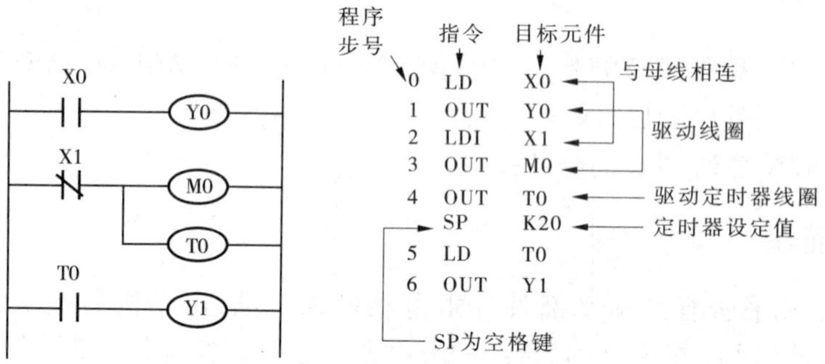


(a)梯形图 (b)指令表

**图 2-2 LD、LDI、OUT 指令的使用说明**

2. AND、ANI

AND：与指令，用于单个常开触点的串联。

ANI：与非指令，用于单个常闭触点的串联。

AND 与 ANI 都是一个程序步指令，串联触点的个数没有限制，该指令可以多次重复使用。使用说明如图 2-3 所示。这两条指令的目标元件为 X、Y、M、S、T、C。

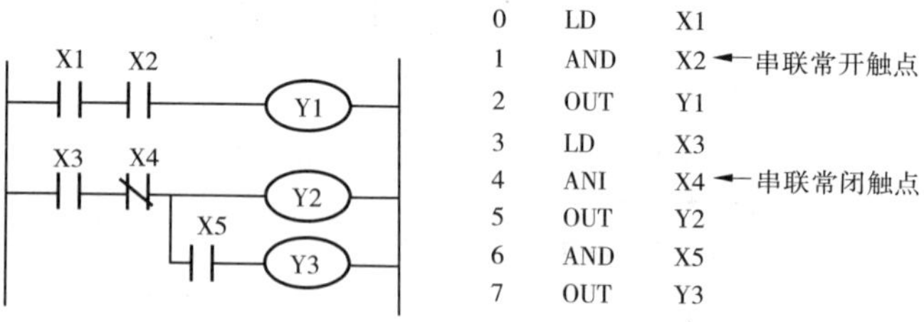


(a)梯形图 (b)语句表

**图 2-3 AND、ANI 指令使用说明**

OUT 指令后，通过接点对其他线圈使用 OUT 指令称为纵接输出或连续输出，如图 2-3 中的 OUT Y3。这种连续输出如果顺序不错，可以多次重复。但是如果驱动顺序换成图 2-4所示的形式，则必须用后述的 MPS 指令和 MPP 指令。

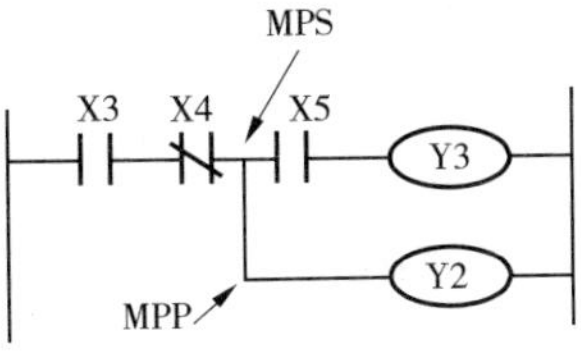


图 2-4　不推荐使用

3. OR、ORI

OR:或指令。

ORI:或非指令。

这两条指令都用于单个触点的并联,操作的对象是 X、Y、M、S、T、C。OR 用于常开触点,ORI 用于常闭触点,并联的次数可以是无限次。OR、ORI 使用说明如图 2-5 所示。

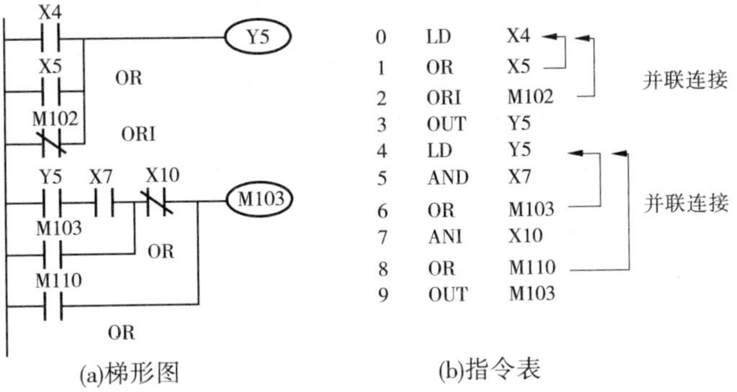


图 2-5　OR、ORI 使用说明

4. SET、RST

SET:置位指令。SET 指令是指使操作保持为 ON 状态的指令。

RST:复位指令。RST 指令是指使操作保持为 OFF 状态的指令。

SET 指令可用于 Y、M、S,RST 指令可用于 Y、M、S、T、C、D、V、Z。

对同一编程元件,可多次使用 SET 指令和 RST 指令。RST 指令可将数据寄存器 D、变址寄存器 Z/V 的内容清零,RST 指令还可以用来复位积算定时器和计数器。

SET、RST 指令的功能与数字电路中 RS 触发器的功能相似,SET、RST 指令之间可以插入别的程序。如果它们之间没有别的程序,最后的指令有效。

在任何情况下,RST 指令都优先执行。计数器处于复位状态时,不接收输入的计数脉冲。

SET、RST 使用说明如图 2-6 所示。

**(二)三菱 FX2N 系列 PLC 的外部接线**

端子排 FX2N－48MR PLC 的接线端子如图 2-7 所示。L、N 端是电源的输入端,一般直接使用工频交流电(AC 100～250 V),L 端为交流电源相线,N 端为交流电源的中性线。机内自带直流 24 V 内部电源,为输入器件和扩展单元供电。X0～X17 为输入端子,COM 为输入端子的公共端。Y0～Y17 为输出端子,COM1～COM4 为输出端子的公共端。

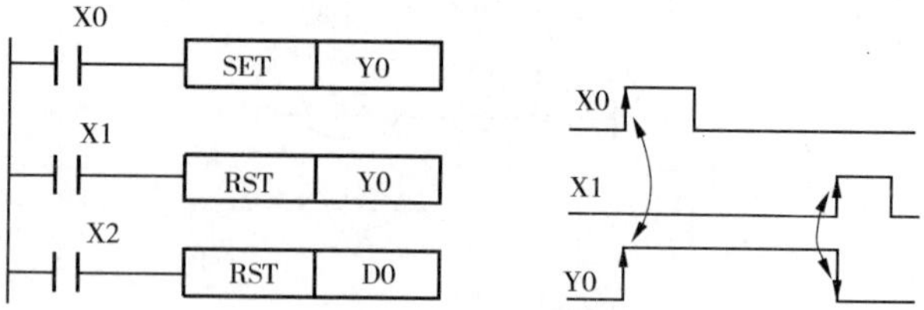


图 2-6 SET、RST 使用说明

FX2N -48MR 的输入端子只有一个公共端 COM，而输出端子的公共端共有 4 个(COM1 ~COM4)，其中 Y0、Y1、Y2、Y3 的公共端为 COM1，Y4、Y5、Y6、Y7 的公共端为 COM2，其他公共端同理，中间用颜色较深的分隔线分开。

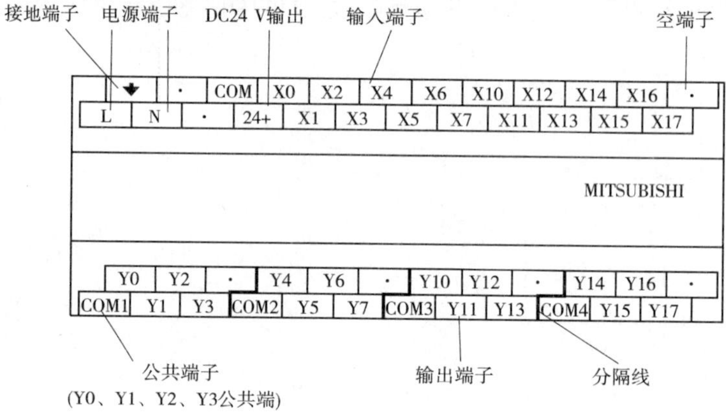


图 2-7 FX2N -48MR PLC 的接线端子

**(三)启、保、停电路**

(1)用 LD、ANI、OR、OUT 指令完成的启、保、停电路，如图 2-8 所示。

X0——启动按钮(启)；

X1——停止按钮(停)；

Y0——保持运行(保)。

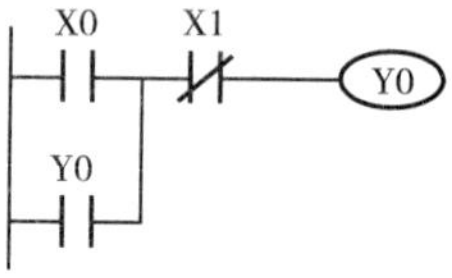


图 2-8 启、保、停梯形图

(2)用 RST、SET 指令完成的启、保、停电路，如图 2-9所示。

X0——启动按钮(启)；

X1——停止按钮(停)。

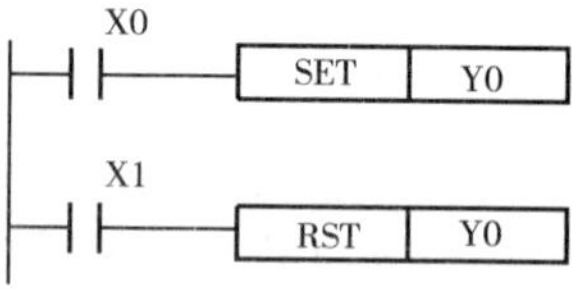


图 2-9 启、保、停电路

## 四、任务实施

**(一)输入/输出(I/O)分配表**

根据启、保、停的控制要求，按如表 2-1 所示的 I/O 端子进行分配。

表 2-1　I/O 分配表

| 功能 | 符号 | I/O 端子 |
|---|---|---|
| 启动 | SB1 | X0 |
| 停止 | SB2 | X1 |
| 过载保护 | FR | X2 |
| 正转运行 | KM | Y0 |

### (二)输入/输出(I/O)接线图

I/O 接线图如图 2-10 所示。

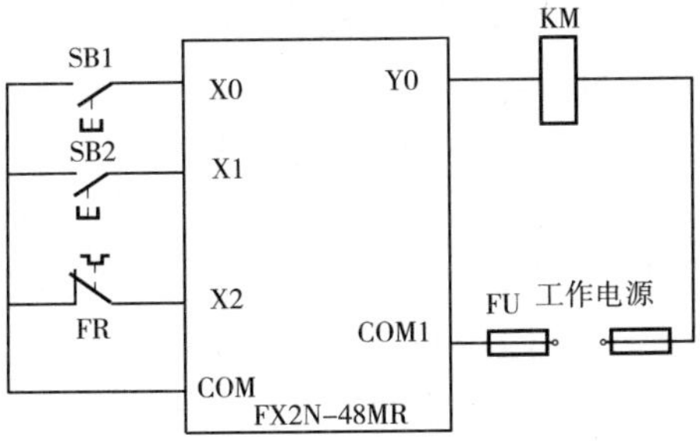


图 2-10　I/O 接线图

### (三)编写梯形图程序

(1)用经验设计法(启、保、停)编写的梯形图程序如图 2-11 所示。

(2)用 SET、RST 指令编写的梯形图程序如图 2-12 所示。

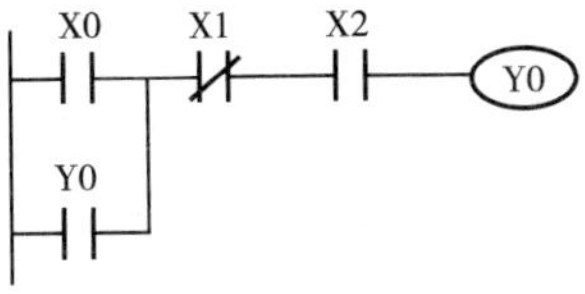


图 2-11　启、保、停梯形图

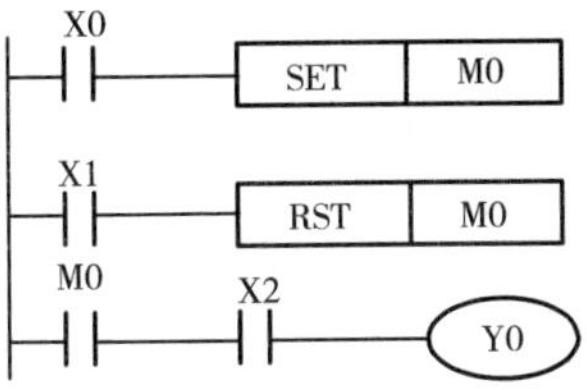


图 2-12　保持复位指令梯形图

### (四)系统调试

将梯形图 2-11 写入主机后,先不接输出电源进行模拟调试。把 PLC 主机上的开关扳向“RUN”,按下 SB1,观察 Y0 指示灯是否发光;按下 SB2,观察 Y0 指示灯是否熄灭。如果有误,把 PLC 主机上的开关扳向“STOP”,检查程序和接线,修改后重复上述步骤,直至正常。模拟调试成功后,接通输出电源,分别按下启动按钮和停止按钮,观察电动机的运行情况。

## 五、思考与练习

1　将图 2-10 所示外部接线图中的 FR 常闭触点改成常开触点,对应的程序应作何改动?

2　试编写单台电动机两地控制的梯形图。

# 任务二　三相异步电动机正、反转控制

## 一、学习目标

(1)熟悉 PLC 程序的经验设计法。
(2)掌握梯形图的编程规则。

## 二、任务描述

吊车或某些生产机械的提升机构需要做左右、上下两个方向的运动，拖动它们的电动机必须能进行正、反两个方向的旋转。

由异步电动机的工作原理可知，要使电动机反向旋转，需对调三根电源线中的任意两根以改变定子电流的相序。因此，实现电动机的正、反转需要两个接触器。电动机正、反转的继电器控制线路实验图如图 2-13(b)所示。图 2-13(a)所示电路我们称为主电路，其余部分称为控制电路。从图中主电路可见，若正转接触器 KM1 主触点闭合，电动机正转；若 KM1 主触点断开而反转接触器 KM2 主触点闭合，电动机三根电源线中有两根对调，因而反向旋转。不难看出，若正、反转接触器主触点同时闭合，将造成电源两相短路。

用可编程序控制器控制电动机的正、反转时，控制电路中的接触器触点逻辑关系可用编程实现，从而使线路接线大为简化。用可编程序控制器实现电动机正、反转的接线图，主电路不变。

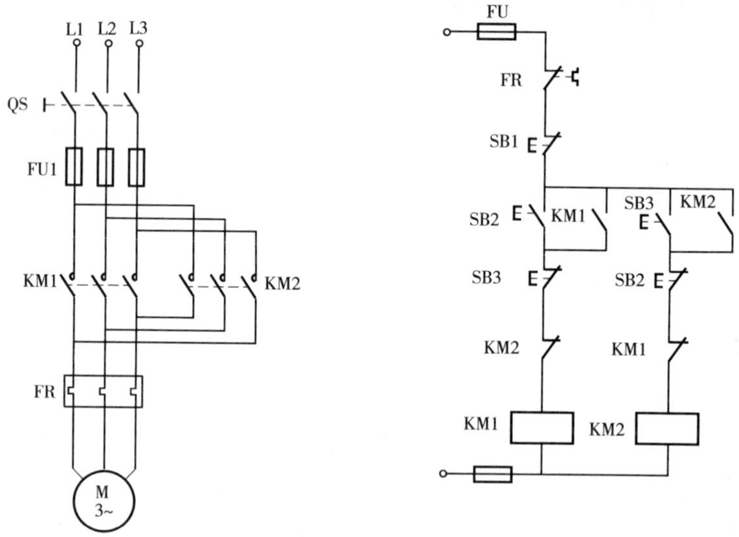

(a)电动机主电路　　(b)正、反转控制电路

**图 2-13　电动机正、反转控制接线及主电路**

## 三、相关知识

### (一)PLC 程序的经验设计法

(1)定义:经验设计法又称为分析设计法,是根据生产工艺的要求去选择适当的基本控制环节(单元电路)或经过考验的成熟电路,按各部分的联锁条件组合起来并加以补充和修改,综合成满足控制要求的完整线路的方法。

(2)特点:①没有普遍的规律。②具有很大的试探性和随意性。③最后的结果不是唯一的。④设计所用的时间、设计的质量与设计者的经验有很大的关系。

### (二)梯形图的编程规则

(1)每一个线圈连接的全部支路形成一个逻辑关系(实现一组逻辑关系,控制一个动作),线圈只能接在右边的母线上,不能直接接在左边的母线上,并且所有的触点不能放在线圈的右边,见图 2-14。

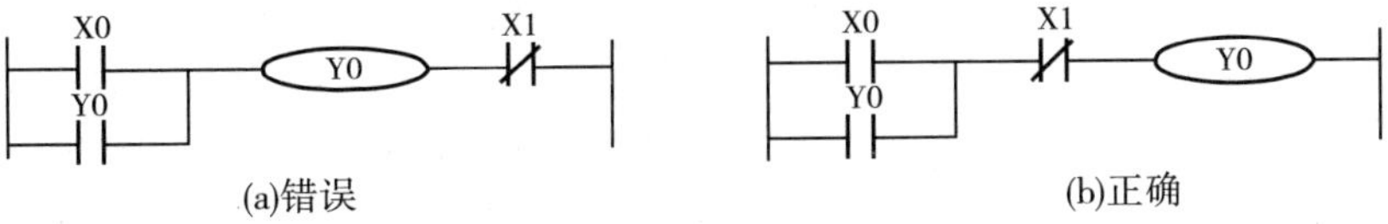


图 2-14　规则(1)例释

(2)串联触点较多的电路放在梯形图的上方,见图 2-15。

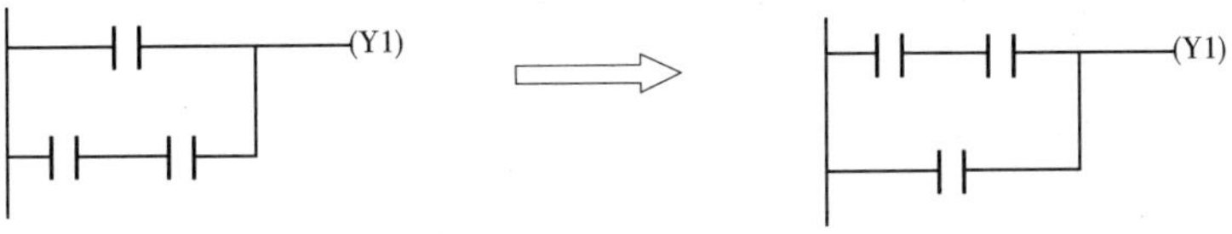


图 2-15　规则(2)例释

(3)并联触点较多的放在左边,见图 2-16。

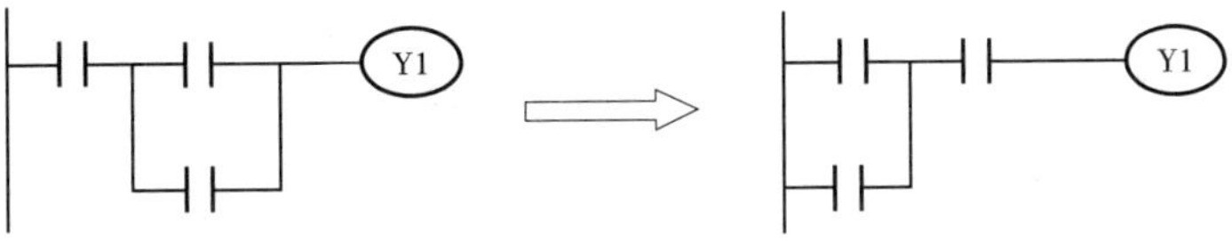


图 2-16　规则(3)例释

(4)不能有双线圈输出,见图 2-17。Y3 是双线圈输出,当出现双线圈输出时,前面的输出不起作用,只有最后的一条输出才起作用。避免双线圈的方法是把触点并联。

## 四、任务实施

### (一)输入/输出(I/O)分配表

I/O 分配表如表 2-2 所示。

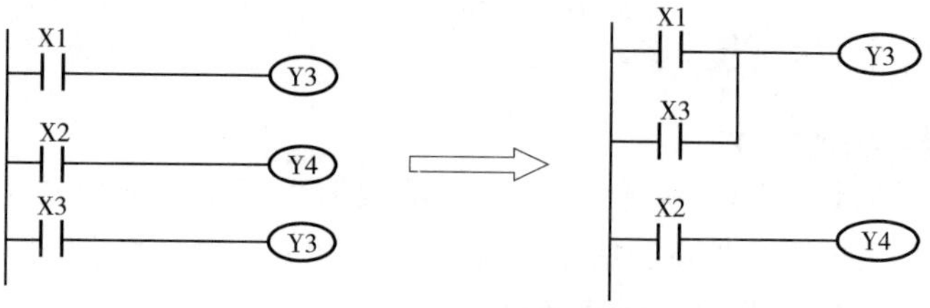


图 2-17 规则(4)例释

表 2-2 I/O 分配表

| 功能 | 符号 | I/O 端子 |
|---|---|---|
| 停止 | SB1 | X0 |
| 正转启动 | SB2 | X1 |
| 反转启动 | SB3 | X2 |
| 正转运行 | KM1 | Y0 |
| 反转运行 | KM2 | Y1 |
| 热过载 | FR | X3 |

**(二)输入/输出(I/O)接线图**

I/O 接线图如图 2-18 所示。

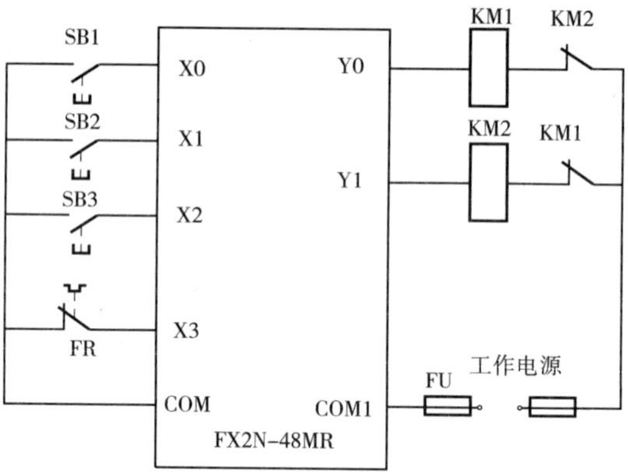


图 2-18 I/O 接线图

**(三)编写梯形图程序**

参考梯形图如图 2-19 所示。

**(四)系统调试**

将图 2-19 所示梯形图写入主机后,先不接输出电源进行模拟调试。把 PLC 主机上的开关扳向“RUN”,按下 SB2,观察 Y0 指示灯是否发光,且 Y1 指示灯是否熄灭;按下 SB3,观察 Y1 指示灯是否发光,且 Y0 指示灯是否熄灭;按下 SB1,观察 Y0、Y1 指示灯是否熄灭。如果有误,把 PLC 主机上的开关扳向“STOP”,检查程序和接线,修改后重复上述步骤,直至正常。模拟调试成功后,接通输出电源,分别按下正转启动按钮、反转启动按钮和

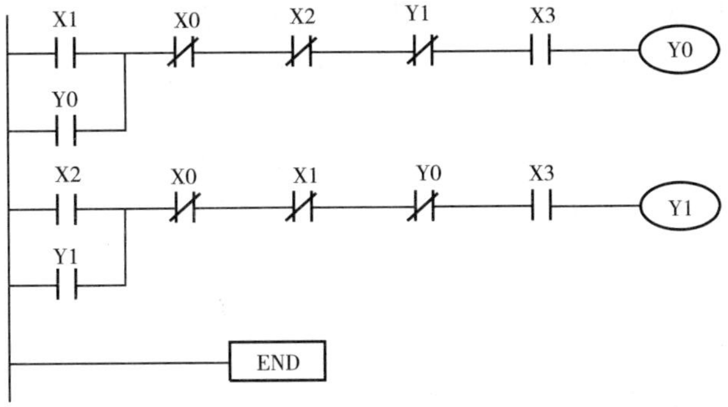


图 2-19　参考梯形图

停止按钮，观察电动机的运行情况。

## 五、思考与练习

1　在图 2-13(b)所示电动机正、反转控制图中，KM1 与 KM2 需要互锁，如果没有这互锁，控制电路可能有什么危害电路安全的情况发生？

2　试编写两台电动机顺序启动、逆序停止的梯形图。

# 任务三　三相异步电动机星形 - 三角形降压启动控制

## 一、学习目标

(1)掌握 FX2N 系列 PLC 的定时器、计数器的用法，能够进行简单的逻辑控制程序的设计。

(2)掌握 FX2N 系列 PLC 进栈、读栈、出栈指令的用法。

## 二、任务描述

异步电动机启动电流为额定电流的 4 ~ 7 倍，为限制启动电流对电网的冲击，鼠笼式异步电动机通常采用降压启动，星形 - 三角形启动是较常用的一种降压启动方法。在启动时，先将电动机的三相定子绕组接成星形，待启动后再接成三角形使电动机全压运行。因此，启动时电动机定子的相电压只有额定电压的 1/3，启动转矩也降为原来的 1/3。这种启动方法只适用于在正常运行时定子绕组为三角形连接的三相异步电动机做空载或轻载启动。星形 - 三角形启动控制主电路如图 2-20 所示。其工作过程表述如下：

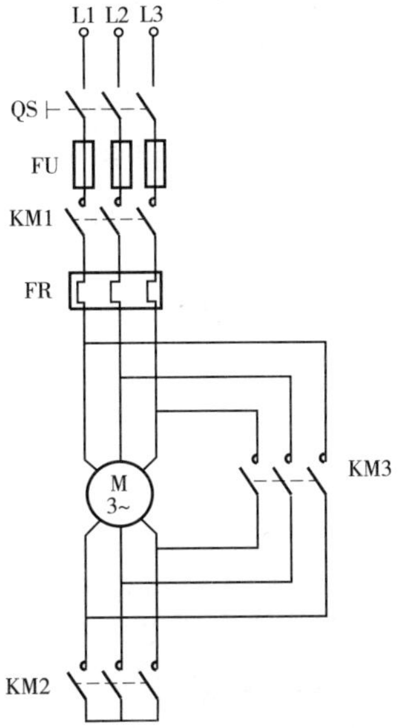


图 2-20　主电路

（1）启动时，KM1、KM2 主触点闭合，异步电动机星形启动。

（2）运行一段时间后，KM2 主触点打开，同时 KM3 主触点闭合，异步电动机转为三角形运行。

（3）停止时：KM1、KM3 主触点打开，电动机停止工作。

星形－三角形切换时间，传统的继电器－接触器控制方法由时间继电器控制，而在本项目中时间的控制由定时器来完成。

## 三、相关知识

### （一）定时器的使用

（1）断电延时：定时器只能提供其线圈"通电"后延迟动作的触点，如果需要在其线圈"断电"后延迟动作，可以使用图 2-21 所示的电路。

（2）长延时电路，见图 2-22。

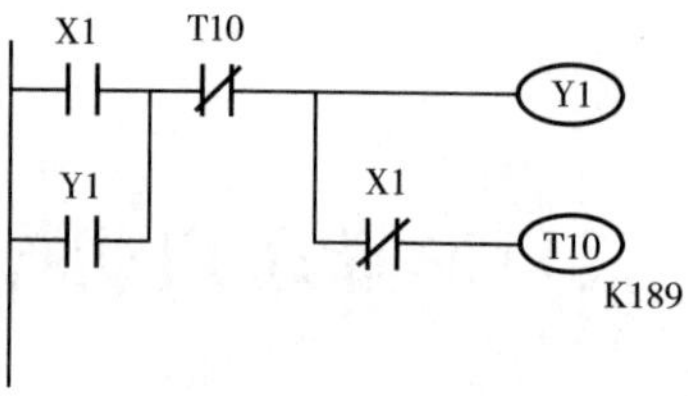


图 2-21　断电延时电路

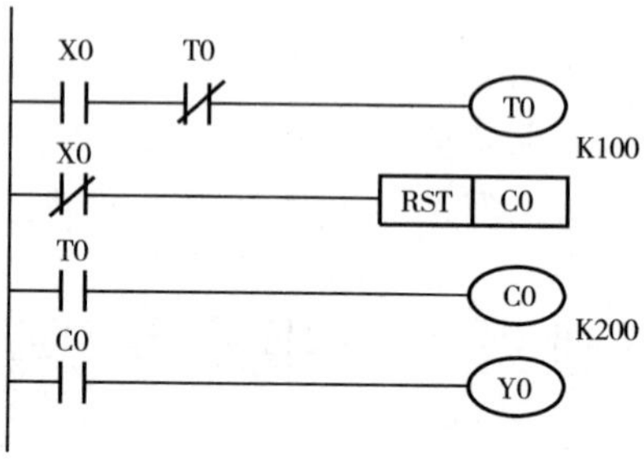


图 2-22　长延时电路

T0 产生的脉冲列送给 C0 计数，计满 60 个数（即 1 h）后，C0 的当前值加至设定值，它的常开触点闭合。设 T0 和 C0 的设定值分别为 KT 和 KC，对于 100 ms 定时器，总的定时时间为 $T=0.1\times KT\times KC(s)$。

### （二）多重输出指令 MPS、MRD、MPP

MPS：进栈指令。使用一次 MPS 指令，当时的逻辑运算结果压入栈的第一层，栈中原来的数据依次向下一层推移。

MRD：读栈指令。MRD 用来读出最上层的数据，栈内的数据不会上移或下移。

MPP：出栈指令。使用 MPP 指令时，各层的数据向上移动一层，最上层的数据在读出后从栈内消失。

一层栈见图 2-23。

二层栈见图 2-24。

## 四、任务实施

### （一）输入/输出（I/O）分配表

I/O 分配表如表 2-3 所示。

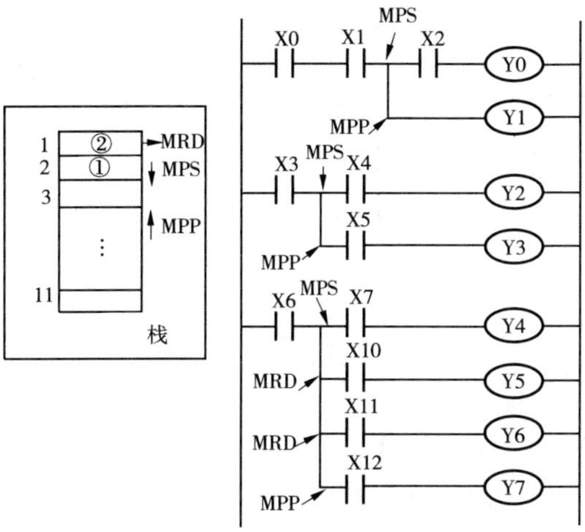


(a)电路图

| | | | | | |
|---|---|---|---|---|---|
| 0 | LD | X0 | 19 | AND | X10 |
| 1 | AND | X1 | 20 | OUT | Y5 |
| 2 | MPS | | 21 | MRD | |
| 3 | AND | X2 | 22 | AND | X11 |
| 4 | OUT | Y0 | 23 | OUT | Y6 |
| 5 | MPP | | 24 | MPP | |
| 6 | OUT | Y1 | 25 | AND | X12 |
| 7 | LD | X3 | 26 | OUT | Y7 |
| 8 | MPS | | | | |
| 9 | AND | X4 | | | |
| 10 | OUT | Y2 | | | |
| 11 | MPP | | | | |
| 12 | AND | X5 | | | |
| 13 | OUT | Y3 | | | |
| 14 | LD | X6 | | | |
| 15 | MPS | | | | |
| 16 | AND | X7 | | | |
| 17 | OUT | Y4 | | | |
| 18 | MRD | | | | |

(b)指令表

**图 2-23　一层栈**

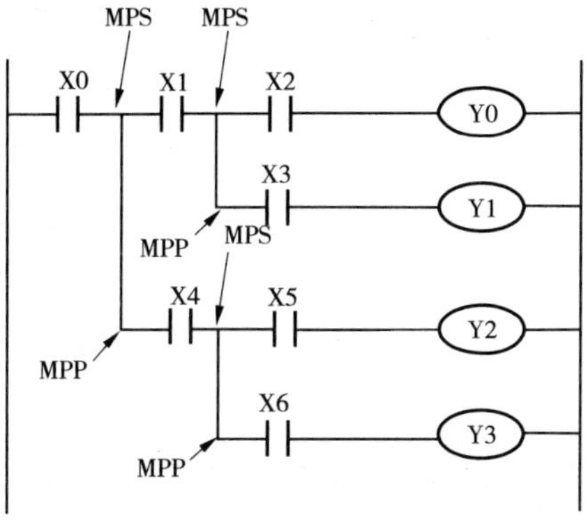


(a)电路图

| | | | | | |
|---|---|---|---|---|---|
| 0 | LD | X0 | 12 | AND | X5 |
| 1 | MPS | | 13 | OUT | Y2 |
| 2 | AND | X1 | 14 | MPP | |
| 3 | MPS | | 15 | AND | X6 |
| 4 | AND | X2 | 16 | OUT | Y3 |
| 5 | OUT | Y0 | | | |
| 6 | MPP | | | | |
| 7 | AND | X3 | | | |
| 8 | OUT | Y1 | | | |
| 9 | MPP | | | | |
| 10 | AND | X4 | | | |
| 11 | MPS | | | | |

(b)指令表

**图 2-24　二层栈**

**表 2-3　I/O 分配表**

| 功能 | 符号 | I/O 端子 |
|---|---|---|
| 启动 | SB1 | X1 |
| 停止 | SB2 | X2 |
| 电源接触器 | KM1 | Y1 |
| Y 接触器 | KM2 | Y2 |
| △接触器 | KM3 | Y3 |
| 热过载 | FR | X3 |

（二）输入/输出（I/O）接线图

I/O 接线图如图 2-25 所示。

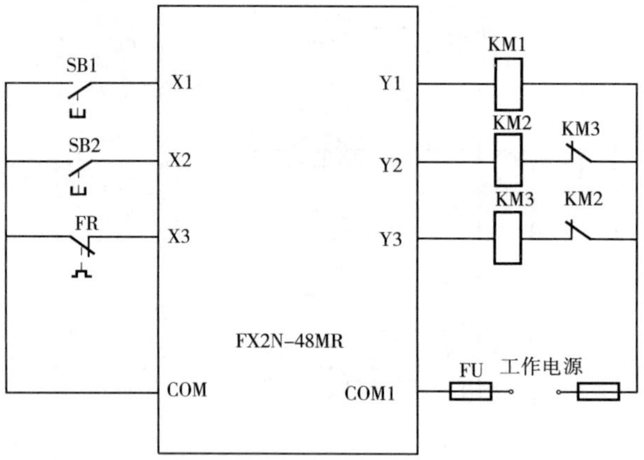


图 2-25　I/O 接线图

（三）编写梯形图程序

梯形图程序如图 2-26 所示。

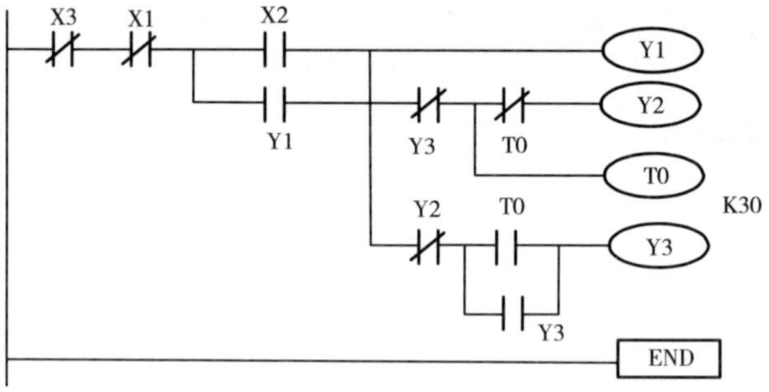


图 2-26　梯形图程序

（四）系统调试

将梯形图 2-26 写入主机后，先不接输出电源进行模拟调试。把 PLC 主机上的开关扳向“RUN”，按下 SB2，观察 Y1、Y2 指示灯是否发光，且 Y3 指示灯是否熄灭，等待 3 s，观察 Y2 是否熄灭同时 Y3 亮起。按下 SB1，观察 Y1 、Y3 是否同时熄灭。如果有误，把 PLC 主机上的开关扳向“STOP”，检查程序和接线，修改后重复上述步骤，直至正常。硬件接线完毕，模拟调试成功后，接通输出电源，按下启动按钮 SB2，观察电动机的运行情况，必要时可用万用表鉴别输出通电回路。按下停止按钮 SB1，观察电动机的运行情况。

## 五、思考与练习

1　根据图 2-27 所示梯形图写指令表。

2　找出图 2-28 所示梯形图的错误并改正。

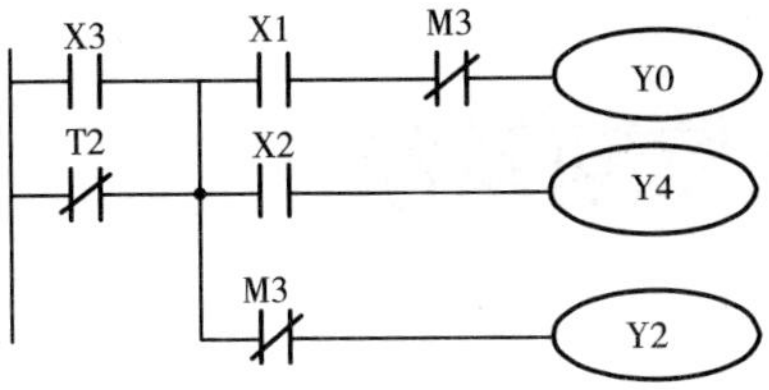


图 2-27

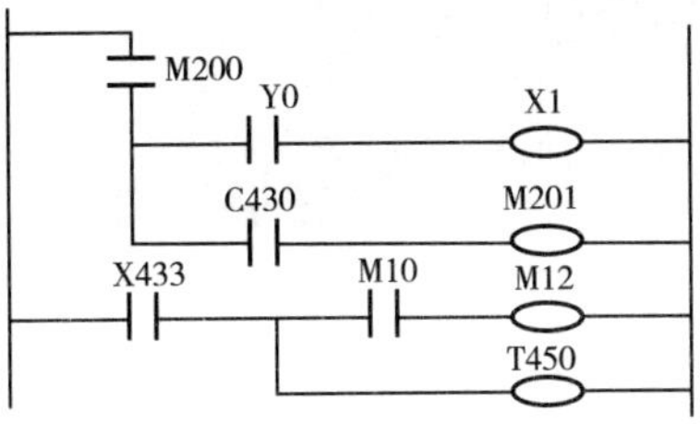


图 2-28

3　设计题：分别用定时器 T0 和 T1 对 3 s 和 4 s 定时，设计出满足图 2-29 所示波形的梯形图。

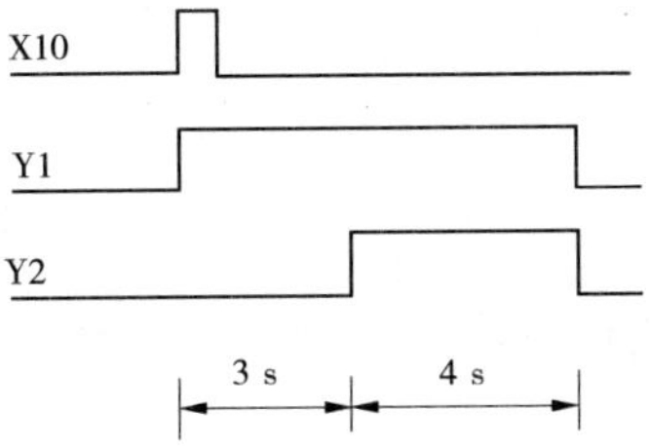


图 2-29

# 项目三　抢答器控制系统

## 一、学习目标

（1）熟练掌握 FX2N 系列 PLC 的电路块连接指令，能够进行简单的逻辑控制程序设计。

（2）掌握抢答器控制系统的接线、调试、操作方法。

## 二、项目介绍

（1）系统初始上电后，主控人员在总控制台上点击“开始”按键后，允许各队人员开始抢答，即各队抢答按键有效。

（2）抢答过程中，1～4 队中的任何一队抢先按下各自的抢答按键（SB3、SB4、SB5、SB6）后，该队指示灯（H1、H2、H3、H4）点亮，LED 数码显示系统显示当前的队号，并且其他队的人员继续抢答无效。

（3）主控人员对抢答状态确认后，点击“复位”按键，系统又继续允许各队人员开始抢答，直至又有一队抢先按下各自的抢答按键。

## 三、相关知识

### （一）电路块串联指令 ANB

两个或两个以上接点并联的电路称为并联电路块。并联电路块和其他接点串联连接时，使用 ANB 指令。电路块的起点用 LD、LDI 指令，并联电路块结束后，使用 ANB 指令与前面串联。ANB 指令是无操作目标元件指令。ANB 指令的使用说明如图 3-1 所示。

### （二）电路块并联指令 ORB

两个或两个以上接点串联的电路称为串联电路块。当串联电路块和其他电路并联连接时，分支开始用 LD、LDI，分支结束用 ORB 指令。ORB 指令和 ANB 指令是不带操作数的独立指令。电路中有多少个串联电路块就用多少次 ORB，ORB 使用的次数不受限制。ORB 指令也可成批使用，但是由于 LD、LDI 指令的重复使用次数受限制在 8 次以下，请务必注意。ORB 指令的使用说明如图 3-2 所示。

## 四、任务实施

### （一）输入/输出（I/O）分配表

I/O 分配表如表 3-1 所示。

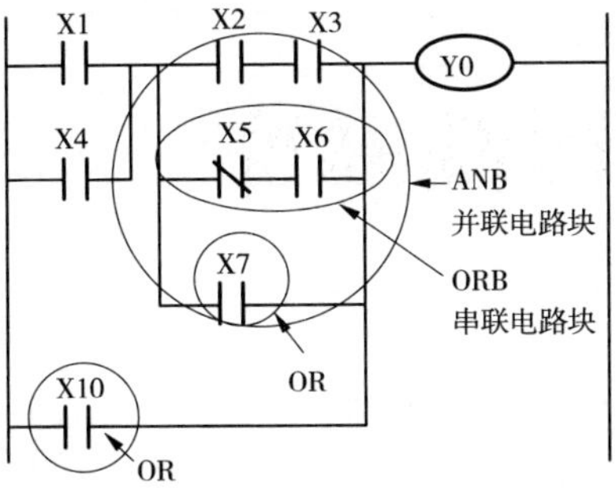


(a)梯形图

| | | | |
|---|---|---|---|
| 0 | LD | X1 | |
| 1 | OR | X4 | |
| 2 | LD | X2 | ← 电路块的分支起点 |
| 3 | AND | X3 | |
| 4 | LDI | X5 | ← 电路块的分支起点 |
| 5 | AND | X6 | |
| 6 | ORB | | ← 串联电路块的结束 |
| 7 | OR | X7 | |
| 8 | ANB | | ← 并联电路块的结束 |
| 9 | OR | X10 | |
| 10 | OUT | Y0 | |

(b)指令表

**图 3-1　ANB 指令的使用说明**

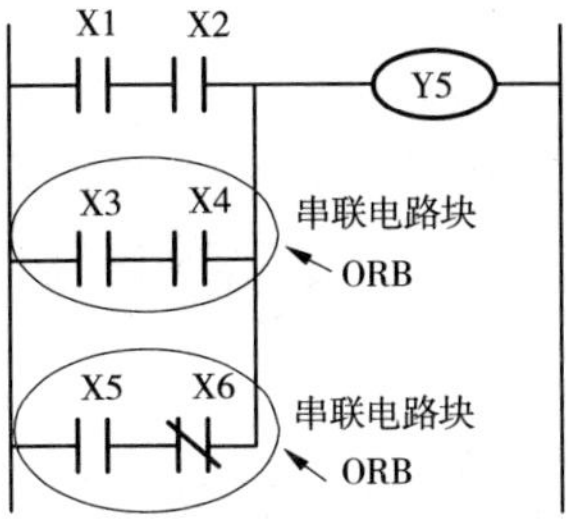


(a)梯形图

| 正确编程程序 | | | 不推荐程序 | | |
|---|---|---|---|---|---|
| 0 | LD | X1 | 0 | LD | X1 |
| 1 | AND | X2 | 1 | AND | X2 |
| 2 | LD | X3 | 2 | LD | X3 |
| 3 | AND | X4 | 3 | AND | X4 |
| 4 | ORB | | 4 | LD | X5 |
| 5 | LD | X5 | 5 | ANI | X6 |
| 6 | ANI | X6 | 6 | ORB | |
| 7 | ORB | | 7 | ORB | |
| 8 | OUT | Y5 | 8 | OUT | Y5 |

(b)指令表

**图 3-2　ORB 指令的使用说明**

**表 3-1　I/O 分配表**

| 功能 | 符号 | I/O 端子 |
|---|---|---|
| 开始 | SB1 | X1 |
| 复位 | SB2 | X2 |
| 1 队抢答 | SB3 | X3 |
| 2 队抢答 | SB4 | X4 |
| 3 队抢答 | SB5 | X5 |
| 4 队抢答 | SB6 | X6 |
| 1 队抢答显示 | H1 | Y1 |
| 2 队抢答显示 | H2 | Y2 |
| 3 队抢答显示 | H3 | Y3 |
| 4 队抢答显示 | H4 | Y4 |

### (二)输入/输出(I/O)接线图

I/O 接线图如图 3-3 所示。

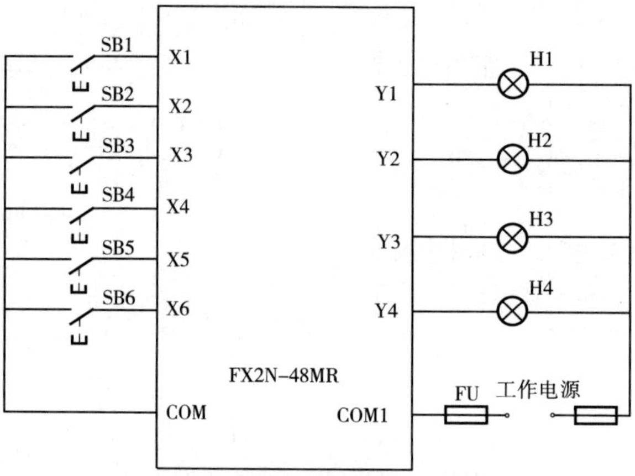


图 3-3 I/O 接线图

## （三）编写梯形图程序

梯形图程序如图 3-4 所示。

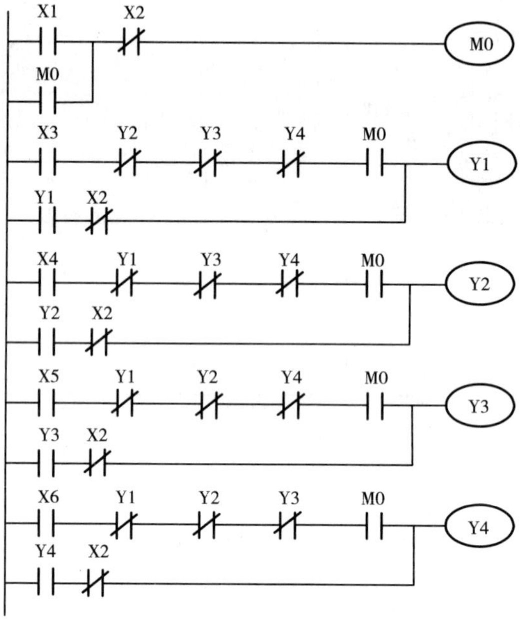


图 3-4 参考梯形图

## （四）系统调试

将梯形图 3-4 写入主机后，先不接输出电源进行模拟调试。把 PLC 主机上的开关扳向“RUN”，按下 SB3，观察 Y1 指示灯是否发光，且 Y2、Y3、Y4 指示灯是否熄灭；按下 SB4，观察 Y2 指示灯是否发光，且 Y1、Y3、Y4 指示灯是否熄灭；按下 SB5，观察 Y1、Y2、Y4 指示灯是否熄灭，Y3 是否发光；按下 SB6，观察 Y1、Y2、Y3 指示灯是否熄灭，Y4 是否发光。验证停止功能的时候按照相同方法依次进行。如果有误，把 PLC 主机上的开关扳向“STOP”，检查程序和接线，修改后重复上述步骤，直至正常。程序正确后，在断电状态下，按照主回路、PLC 外部接线图进行正确接线，并且检查无误。硬件接线完毕，模拟调试成功后，接通输出电源，依次按下启动按钮 SB1、SB2、SB3，停止按钮 SB4、SB5、SB6，观察电动机的运行情况。

## 五、思考与练习

1　写出图 3-5 所示梯形图的指令表。

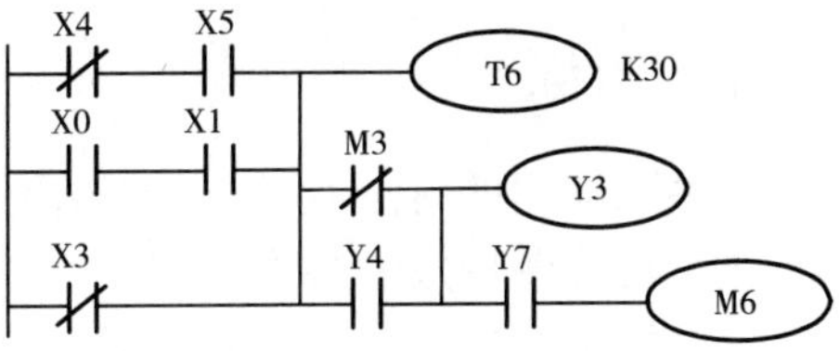


图 3-5

2　根据指令表画出梯形图。

LD　X2
OR　M13
ANI　Y6
ORI　C7
LD　T0
ORI　X0
ANB
OUT　Y6
LDI　X11
AND　X5
AND　M2
OUT　T200
K 120
AND　Y12
OUT　Y24

3　用 X1 给计数器 C0 提供计数脉冲(见图 3-6)，按下启动按钮 X0 后，Y0 变为 ON 并自保持，C0 的计数设定值为 2，Y0 变为 ON 后若 C0 计了两个数，定时器 T0 开始定时，5 s 后 Y0 变为 OFF，T0 和 C0 同时被复位，设计出满足要求的梯形图。

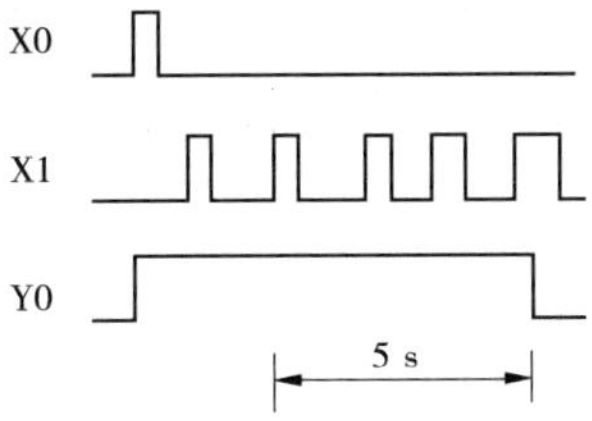


图 3-6

# 项目四　送料小车自动往返

## 一、学习目标

(1)熟悉功能图的特点及功能图控制的应用。
(2)熟悉功能图构成的各个要素。
(3)会根据工艺要求绘制单流程功能图。
(4)掌握单流程功能图设计方法和步骤。
(5)会利用"启—保—停"的编程方法将单序列顺序功能图转换为梯形图。

## 二、项目描述

工农业生产中有很多机械设备都需要进行往复运动。例如,高炉的加料设备、机床的工作台等都要求在一定的距离内自动往复运动,它们都是通过行程开关来检测往复运动的相对位置,进而控制电动机的正、反转来实现的。

本项目的设计任务是:设计一个运料小车往复运动的 PLC 控制系统。运料小车往复运动循环工作过程说明如下:小车处于左端,按下启动按钮 SB1,装料电磁阀 YC1 得电,开始装料,30 s 后,装料结束;接触器 KM2 得电,小车向右运动;碰到行程开关 SQ1 后,KM2 失电,小车停止运行,卸料电磁阀 YC2 得电,开始卸料,30 s 后,卸料结束;接触器 KM1 得电,小车向左运动;碰到行程开关 SQ2,KM1 失电,小车回到原位,完成一个循环工作过程,而限位开关 SQ3 和 SQ4 起保护作用。整个过程分为装料、右行、卸料、左行 4 个状态,如此周而复始的循环,见图 4-1。

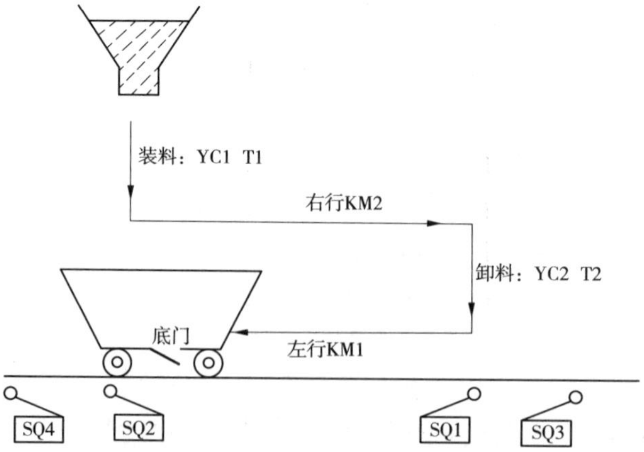


图 4-1　运料小车往复运动流程

## 三、相关知识

### (一)顺序控制设计法概述

1. 定义

所谓顺序控制,就是按照生产工艺预先规定的顺序,在各个输入信号的作用下,根据内部状态和时间的顺序,在生产过程中各个执行机构自动地、有秩序地进行操作。顺序控制设计法又称为步进控制设计法。

2. 基本思想

顺序控制设计法最基本的思想是将系统的一个工作周期划分为若干个顺序相连的阶段,这些阶段称为步(step),并用编程元件(如辅助继电器 M 和状态器 S)来代表各步。用转换条件控制代表各步的编程元件,让它们的状态按一定的顺序变化,然后用代表各步的编程元件去控制各输出继电器。

3. 本质

(1)顺序控制设计法的本质是用输入量 X 控制代表各步的编程元件(如辅助继电器 M),再用它们控制输出量 Y,见图 4-2。

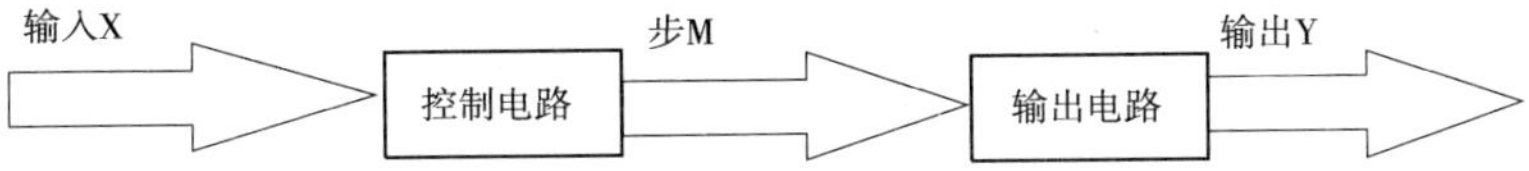


图 4-2 顺序控制设计的本质(单步)

(2)步是根据输出量 Y 的状态划分的,M 与 Y 之间具有很简单的"与"逻辑关系,输出电路的设计极为简单。

(3)由于 M 是依次为 ON/OFF 状态的,实际上已经基本上解决了经验设计法中的记忆、联锁等问题。

### (二)顺序控制功能图的组成及绘制

1. 组成

(1)步。将系统的一个工作周期划分为若干个顺序相连的阶段,这些阶段就称为步,通常用编程元件来表示各步。具体来说,步是根据控制系统的输出量的状态来划分的,在任何一步之内,各输出量的 ON/OFF 状态不变,但相邻两步输出量总的状态是不同的。步在顺序控制功能图中用方框表示,如图 4-3(a)所示。

系统开始工作前,等待启动命令时的等待状态对应的步称为初始步,即与系统的初始状态相对应的步。初始状态一般是系统等待启动命令的相对静止的状态。每一个顺序控制功能图中至少有一个初始步,初始步用双线框表示,如图 4-3(b)所示。

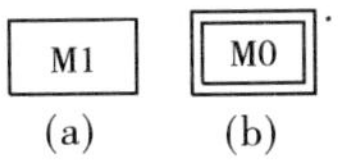


图 4-3 步的表述

(2)动作。系统在工作时每一步应该完成的工作称为与步对应的动作或命令,简称动作。每步需完成的动作可写入方框内用短线与相应的步相连,如图 4-4 所示。

### (三)有向连线

表示步的活动状态的进展路线与方向的有向线段称为有向连线。步与步之间的进程

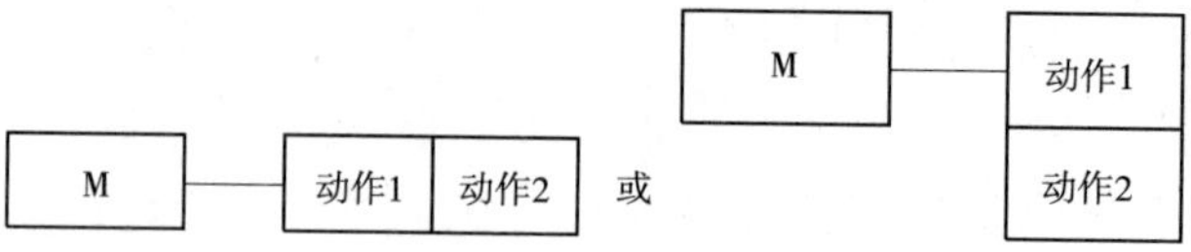


图 4-4　动作的表述

用有向连线表示。

步的活动状态习惯上的进展方向是从上到下或从左到右，在这个方向上，有向连线上的箭头可以省略；如果不是上述方向，则必须在有向连线上标明其实际的进展方向，如图 4-5 所示，执行顺序为步 M0—步 M1—步 M2—步 M0，如此循环。

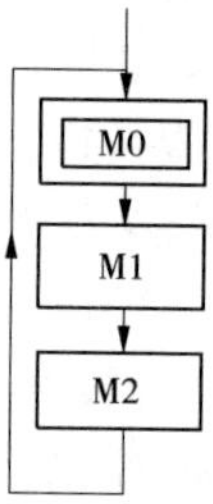


图 4-5　步进方向的表述

**（四）转换与转换条件**

1. 转换

从上一步到下一步的变化称为步与步之间的转换，图中用在有向连线上的一段小横线表示，一个转换将相邻的两步隔开。

2. 转换条件

使系统从上一步进入下一步的控制信号称为转换条件，通常表示于转换旁边，与转换是一对相关的逻辑命题。转换条件的表示可以是文字语言、布尔代数表达式或图形符号，如图 4-6 所示。使用得最多的是布尔代数表达式。

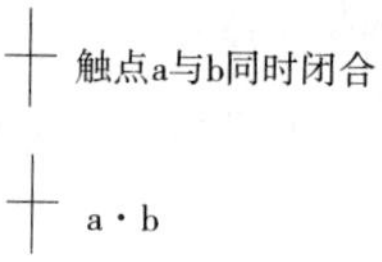


(a)转换的表达

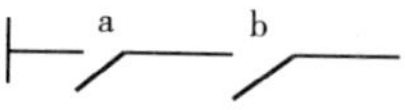


(b)转换条件的表达

图 4-6　转换与转换条件的表述

3. 单序列结构形式的顺序控制功能图

根据步与步之间转换的不同情况，顺序控制功能图有三种不同的基本结构形式：单序列结构、选择序列结构和并行序列结构。本项目所应用的顺序控制功能图为单序列结构形式。

（1）定义：顺序控制功能图的单序列结构形式没有分支，它由一系列按顺序排列、相继激活的步组成。每一步的后面只有一个转换，每一个转换后面只有一步，如图 4-7 所示。

（2）特点：每一步的前面只有一步，后面也只对应一步。

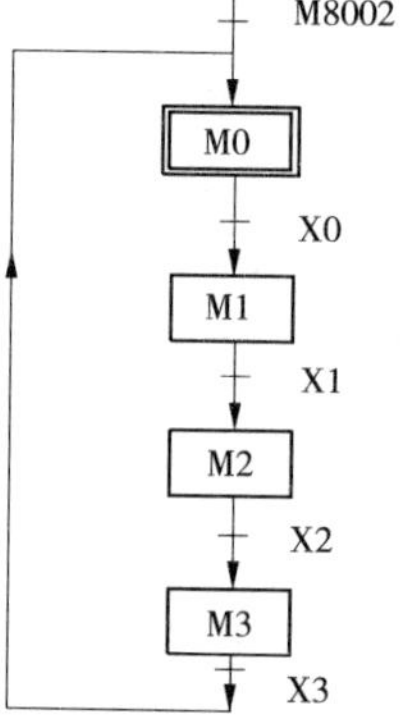


图 4-7　顺序控制功能图的单序列结构形式

**（五）用“启—保—停”电路实现单序列的编程方法**

“启—保—停”电路仅仅适用于与触点和线圈有关的指令，任何一种 PLC 的指令系统都有这一类指令,因此这是一种通用的编程方法,可以用于任意型号的 PLC。“启—保—停”电路由顺序控制功能图画出梯形图,要从步的处理和输出电路两方面来考虑。

(1)单序列顺序控制功能图的步的活动顺序的转换:前级步活动相应的转换条件满足则后级步活动,后级步活动后,前级步变为不活动步。

(2)单序列顺序控制功能图的梯形图实现,见图 4-8。

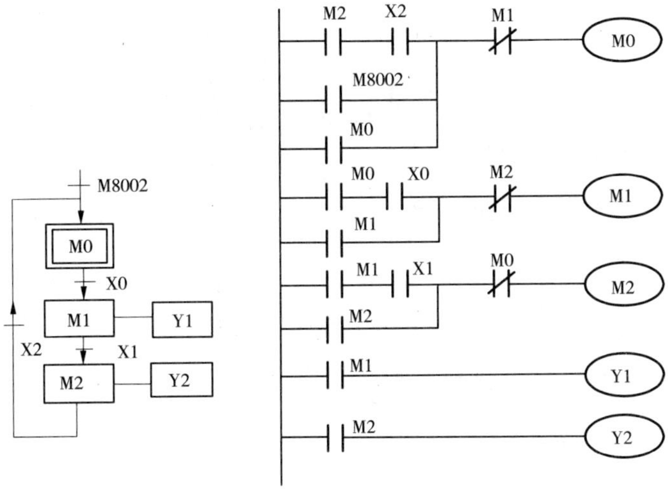


(a)控制功能图　　(b)梯形图

**图 4-8　单序列顺序控制功能图的梯形图**

## 四、项目实施

### (一)输入/输出分配表

输入/输出分配表如表 4-1 所示。

**表 4-1　输入/输出分配表**

| 输入 | | | 输出 | | |
|---|---|---|---|---|---|
| 元件代号 | 功能 | 输入点 | 元件代号 | 功能 | 输入点 |
| SB1 | 系统启动 | X0 | KM1 | 左行 | Y0 |
| SQ1 | 卸料 | X1 | KM2 | 右行 | Y1 |
| SQ2 | 装料 | X2 | YC1 | 装料 | Y2 |
| SQ3 | 右限位保护 | X3 | YC2 | 卸料 | Y3 |
| SQ4 | 左限位保护 | X4 | | | |
| 热继电器 FR | 线路过载保护 | X5 | | | |

### (二)输入/输出接线图

输入/输出接线图如图 4-9 所示。

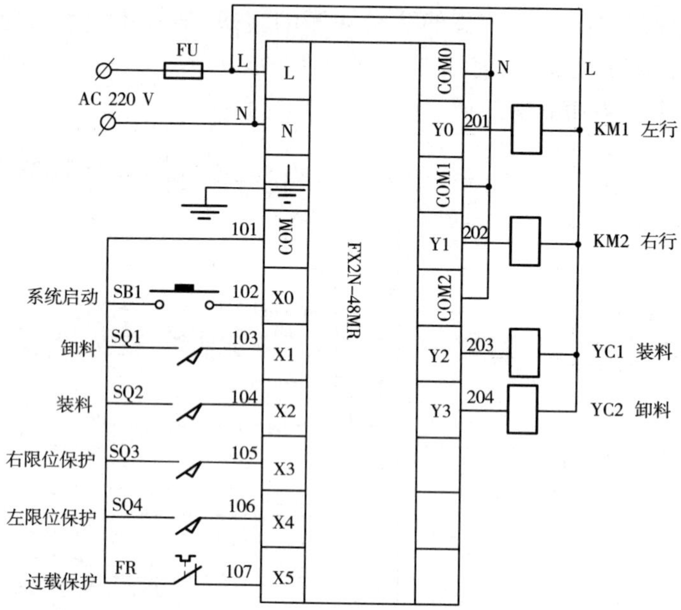


图 4-9 输入/输出接线图

### (三)编写梯形图程序

(1)顺序控制功能图如图 4-10 所示。

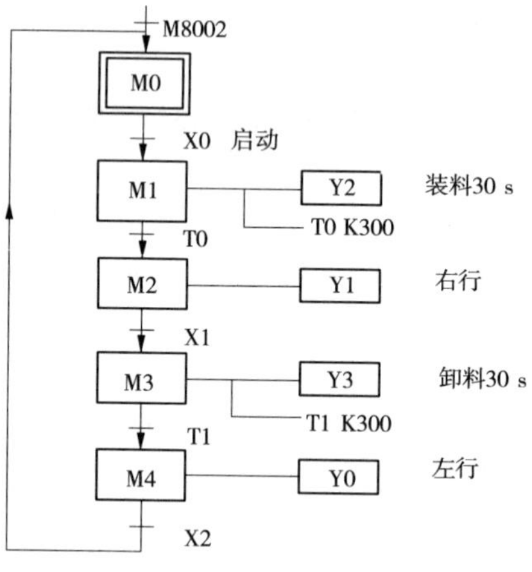


图 4-10 顺序控制功能图

(2)用“启、保、停”方式转换为梯形图,如图 4-11 所示。

### (四)系统调试

经自检,教师检查确认电路正常且无安全隐患后,通电试机。

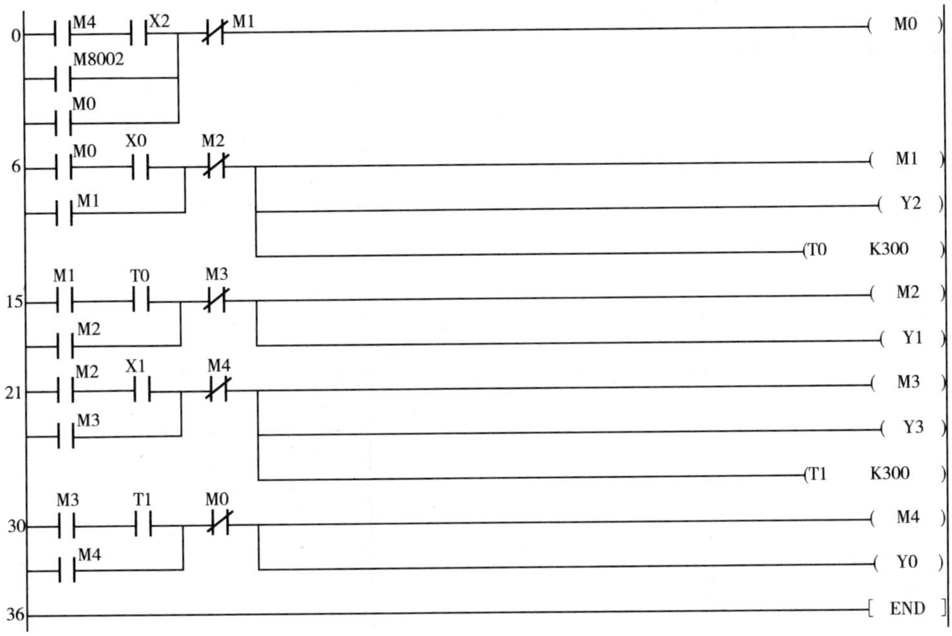


图 4-11

(1)调整 PLC 为"RUN"工作状态进行操作。

(2)观察系统的运行情况并进行梯形图监控。

(3)如出现故障,应该立即切断电源,分析原因,检查电路或梯形图后重新调试,直至达到项目拟定的要求。

## 五、思考与练习

1 X0 是启动按钮,X1 是停止按钮,Y0 和 Y1 的波形如图 4-12 所示,用 T0 和 T1 对 4 s和 3 s 定时,画出系统的顺序控制功能图。

2 如图 4-13 所示,小车开始在限位开关 X0 处,按下启动按钮,小车右行,到限位开关 X1 处停止前进,5 s 后左行,在限位开关 X0 处停止运动,画出顺序控制功能图。

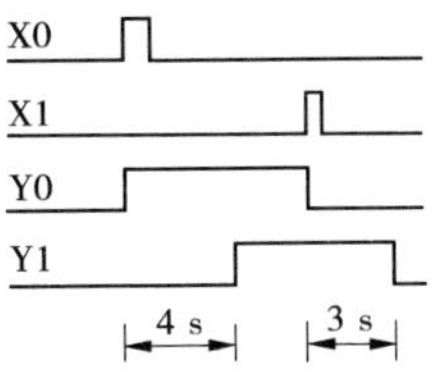


图 4-12

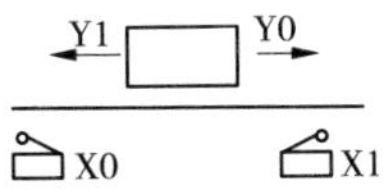


图 4-13

3 图 4-14 所示为机床动力头的工作示意图。请绘制顺序控制功能图并用"启—保—停"电路的编程方法将其转换为梯形图。

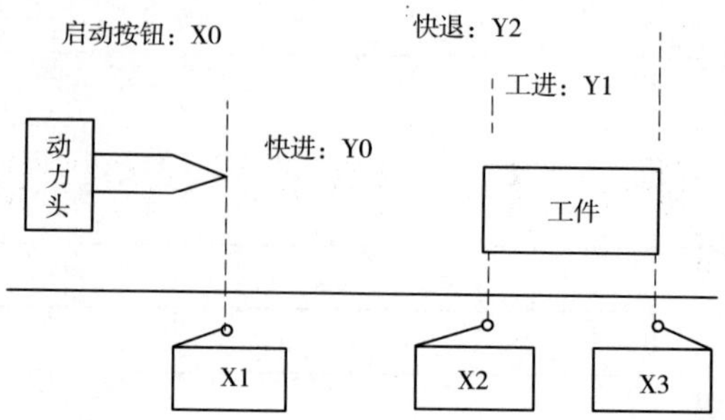


图 4-14

# 项目五　自动门的控制

## 一、学习目标

(1)进一步掌握顺序控制功能图的绘制。

(2)掌握顺序控制功能图中的选择性分支结构,用“启、保、停”编程方式将其转换为梯形图的编程方法。

## 二、项目描述

自动门控制系统是用一个光电开关来检测有无人员出入的,其中 X000 光电开关安装在出入口的正中央,如有人员进出,则驱动电动机开关门。用 PLC 实现自动门系统的控制,具体控制要求如下:

人靠近自动门时,红外感应器 X000 为 ON,Y000 驱动电动机高速开门,碰到开门减速开关 X001 时,变为低速开门。碰到开门极限开关 X002 时电动机停止转动,开始延时。若在 0.5 s 内红外感应器检测到无人,Y002 驱动电动机高速关门。碰到关门减速开关 X003 时,改为低速关门,碰到关门极限开关 X004 时电动机停止转动。在关门期间若感应器检测到有人,停止关门,T1 延时 0.5 s 后自动转换为高速开门。项目要求用 PLC 控制自动门,用选择序列的顺序控制功能图编程,见图 5-1。

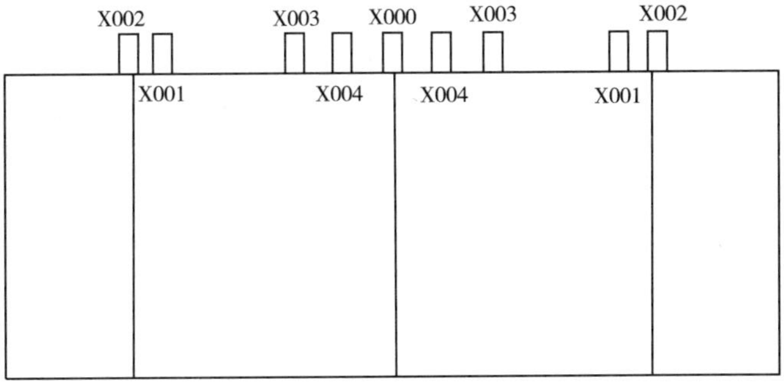


图 5-1　自动门控制示意图

## 三、相关知识

### (一)选择序列

1. 定义

当某一步后面不止一步,而是由两步(或两步以上的步)组成时,这些后续步分别由与该步对应的不同的转换条件来完成各自的转换；或当某一步前面不止一步和一个转换，而是由两步(或两步以上的步)及相应的转换条件构成时，该步可由其中任何一步及相应的转换条件实现转换，这种结构称为选择序列。

2. 选择序列的分支与合并

选择序列有开始和结束之分。选择序列的开始称为分支，各分支画在水平单线之下，各分支中表示转换的短划线只能画在水平线之下的分支上。选择序列的结束称为合并，选择序列的合并是指几个选择分支合并到一个公共序列上，各分支也都有各自的转换条件，各分支画在水平单线之上，各分支中表示转换的短划线只能画在水平线之上的分支上，见图 5-2。

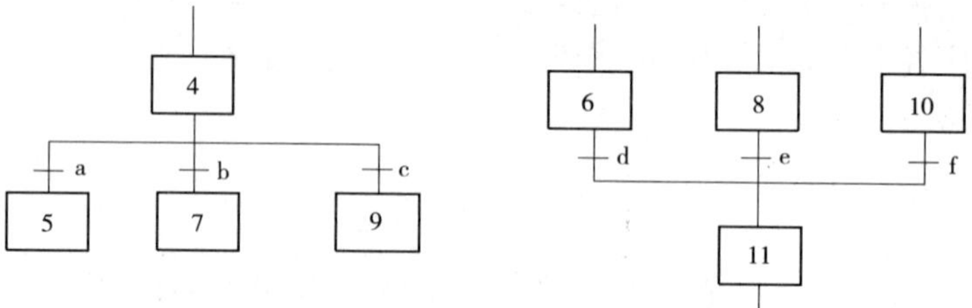


(a)选择序列的分支 (b)选择序列的合并

**图 5-2 选择序列的分支和合并**

### (二)选择序列分支的编程方法

如果某一步的后面有一个由 *N* 条分支组成的选择序列，该步可能转换到不同的分支，应将这 *N* 个后续步对应的辅助继电器的常闭触点与该步的线圈串联，作为结束该步的条件，见图 5-3。

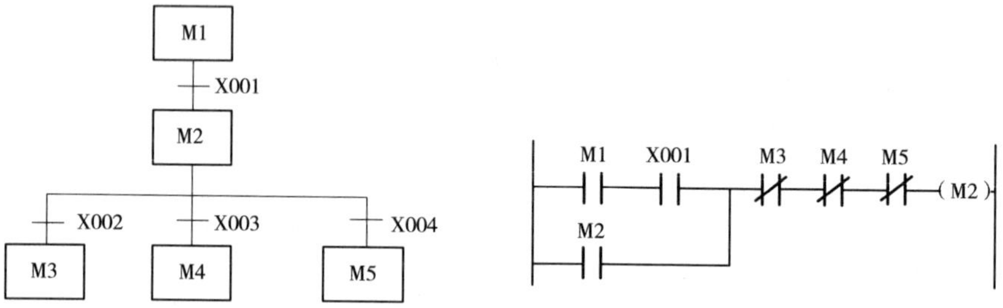


(a)顺序功能图 (b)梯形图

**图 5-3 选择序列分支的编程**

### (三)选择序列合并的编程方法

对于选择序列的合并，如果某一步之前有 *N* 个转换(有 *N* 条分支在该步之前合并后进入该步)，则代表该步的辅助继电器的启动电路由 *N* 条支路并联而成，各支路由某一前级步对应的辅助继电器的常开触点与相应转换条件对应的触点或电路串联而成，见图 5-4。

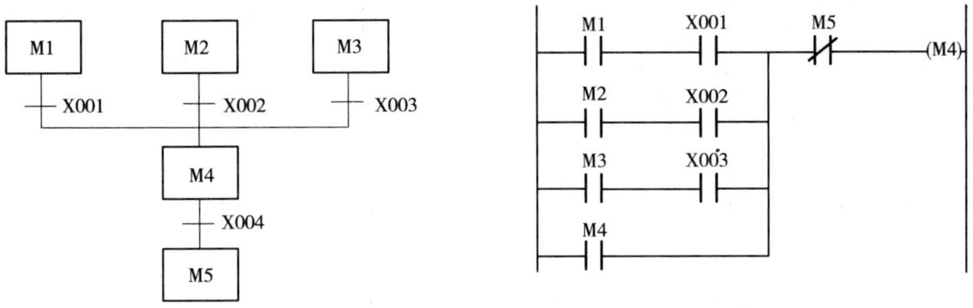


(a)顺序功能图　　(b)梯形图

**图 5-4　选择序列合并的编程**

## 四、项目实施

### (一)输入/输出分配表

输入/输出分配表如表 5-1 所示。

**表 5-1　输入/输出分配表**

| 输入 | | 输出 | |
|---|---|---|---|
| 输入继电器 | 作用 | 输出继电器 | 作用 |
| X000 | 红外感应开关 | Y000 | 电动机高速开门 |
| X001 | 开门减速开关 | Y001 | 电动机低速开门 |
| X002 | 开门极限开关 | Y002 | 电动机高速关门 |
| X003 | 关门减速开关 | Y003 | 电动机低速关门 |
| X004 | 关门极限开关 | | |

### (二)输入/输出接线图

输入/输出接线图如图 5-5 所示。

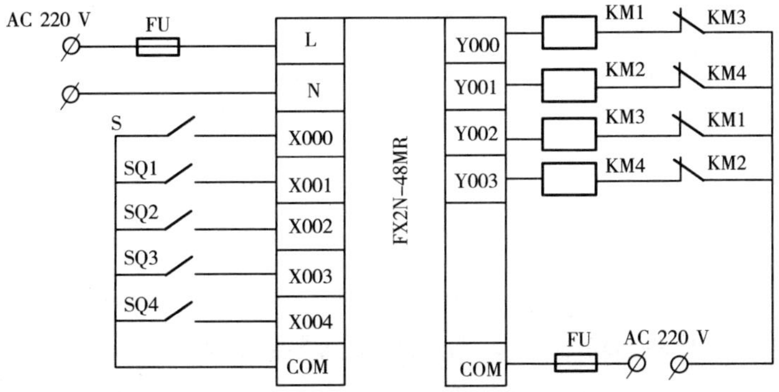


**图 5-5　自动门控制 I/O 接线**

### (三)编写梯形图程序

(1)顺序控制功能图如图 5-6 所示。

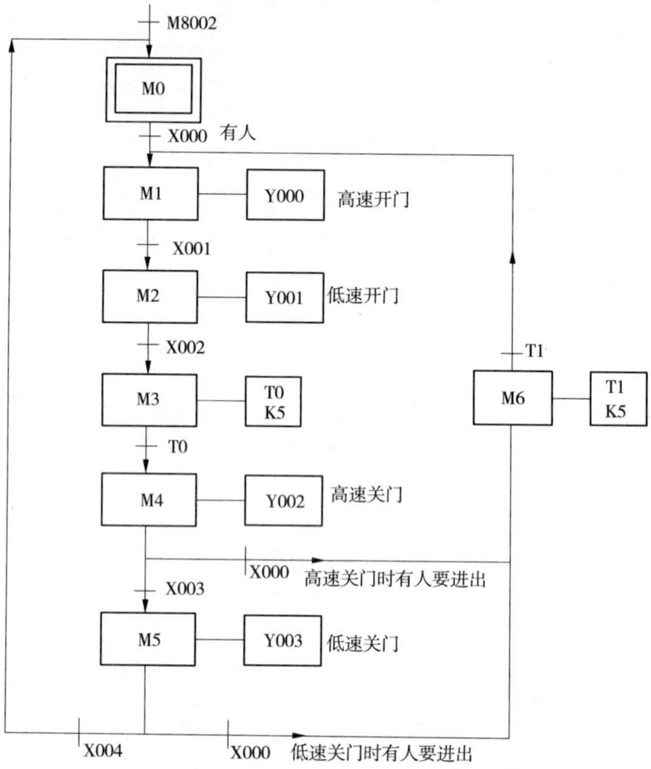


图 5-6 自动门顺序控制功能图

(2)用“启、保、停”方式转换为梯形图,如图 5-7 所示。

**(四)系统调试**

(1)写入梯形图,通电观察 PLC 的指示 LED。经自检,确认电路正确且无安全隐患后,在教师监护下,通电观察 PLC 的指示 LED,并做好记录。

(2)下载程序。将已经编写好的梯形图程序下载到 PLC 中。

(3)经自检,教师检查确认电路正常且无安全隐患后,通电试机。

(4)调整 PLC 为“RUN”工作状态进行操作。

(5)观察系统的运行情况并进行梯形图监控。

(6)如出现故障,应该立即切断电源,分析原因,检查电路或梯形图后重新调试,直至达到项目拟定的要求。

## 五、思考与练习

1 将图 5-8 所示选择序列功能图用“启、保、停”方式转换为梯形图。

2 图 5-9 所示为传送机分检大小球系统。如果电磁铁吸住大的金属球,则将其送到大球的球箱里;如果电磁铁吸住小的金属球,则将其送到小球的球箱里。

工作过程如下:传送机的机械手臂上升、下降运动由电动机驱动,机械手臂的左行、右行运动由另一台电动机驱动。机械手臂停在原位时,按下启动按钮,手臂下降到球箱中,如果压合下限行程开关 SQ2,电磁铁线圈通电后,将吸住小铁球,然后手臂上升,右行到行

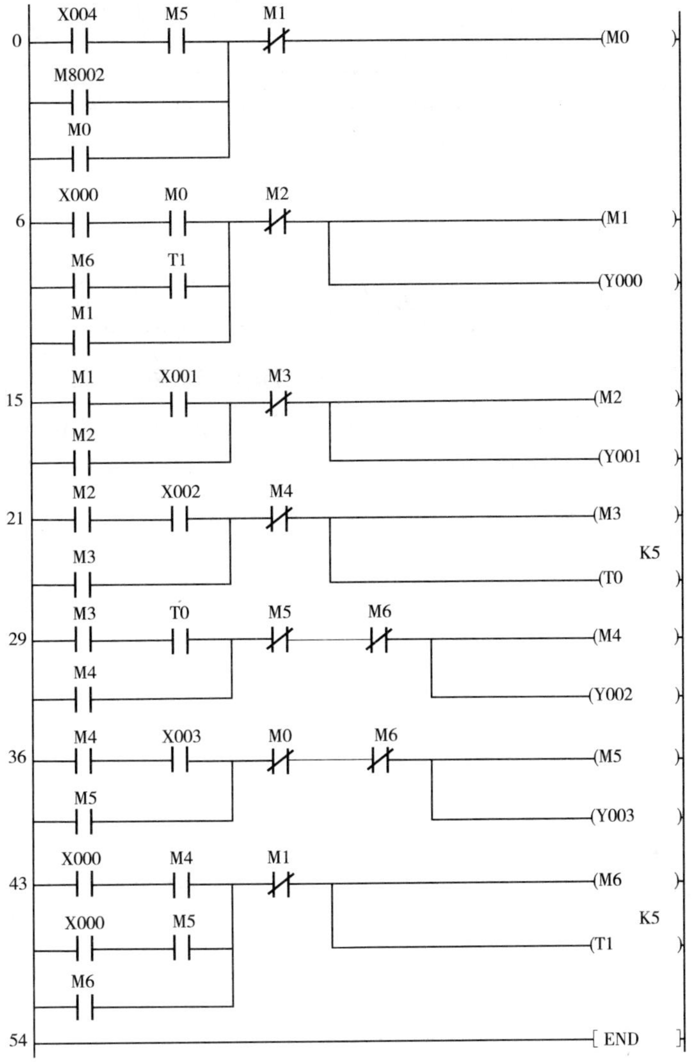


图 5-7　自动门控制系统参考梯形图

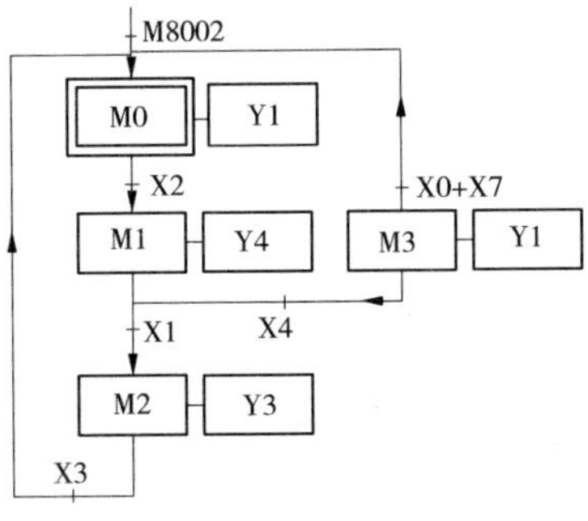


图 5-8　选择序列功能图

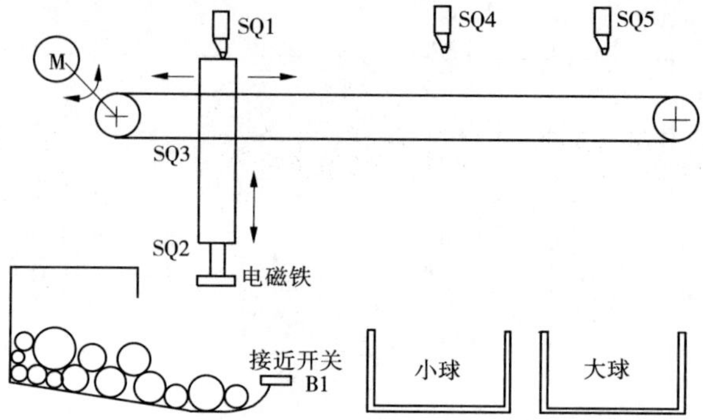


图 5-9　小球分拣系统工作流程示意图

程开关 SQ4 位置，手臂下降，将小球放进球箱中，最后，手臂回到原位。如果手臂由原位下降后未碰到下限行程开关 SQ2，则电磁铁吸住的是大铁球，将大球放到大球的球箱中。

3　试设计满足传送机工作过程控制要求的梯形图。

# 项目六　红绿灯的 PLC 控制

## 一、学习目标

(1)掌握顺序控制功能图中的并行分支结构。

(2)掌握绘制顺序控制功能图的注意事项。

(3)掌握以转换条件为中心的编程方式。

## 二、项目描述

一些城市里,在人行横道边上设置了行人按钮式信号灯,这是一种由行人自己控制的红绿灯。平时都是绿灯,当有行人要过马路时,按下灯杆上的按钮,主干道马上转为红灯,车辆停驶,行人可以安全地穿过马路,示意图见图 6-1。这种红绿灯体现了交通的人性化管理。具体内容是:

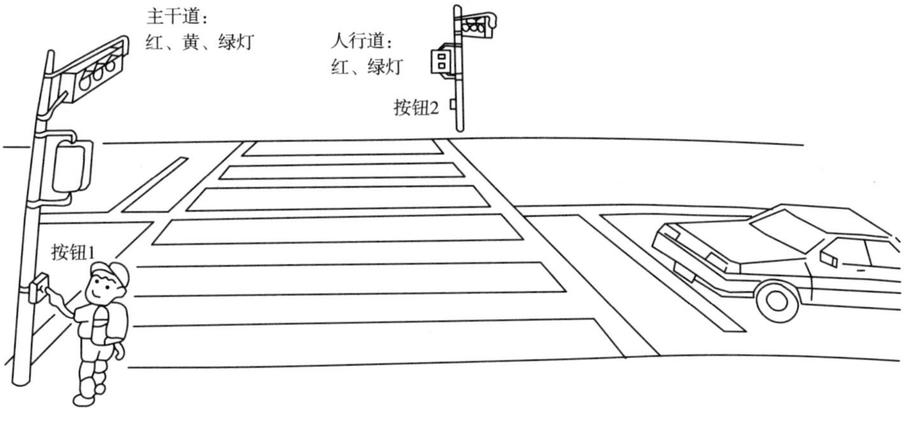


图 6-1　控制示意图

(1)当您需要横过公路时,请先按动“按钮”开关,人行横道灯上的倒数器会立即显示你需要等候的时间。

(2)按动“按钮”开关后您需按照倒数时间停留在原地,等候人行横道灯的“红灯”转为“绿灯”,并做好通过马路的准备。

(3)当人行横道灯的信号由“红灯”转为“绿灯”后,您还须看清路面的情况,在确保安全的情况下才可从“斑马线”内横过公路。

本项目任务要求:

在正常情况下,汽车通行,即 Y003 绿灯亮,Y005 红灯亮;当行人想过马路时,就按下按钮 X000(或 X001),主干道交通灯将从绿(5 s)→绿闪 (3 s)→黄(3 s)→红(20 s),当主干道红灯亮时,人行道从红灯亮转为绿灯亮,15 s 后,人行道绿灯开始闪烁,闪烁 5 s 后转入主干道绿灯亮,人行道红灯亮,见图 6-2。

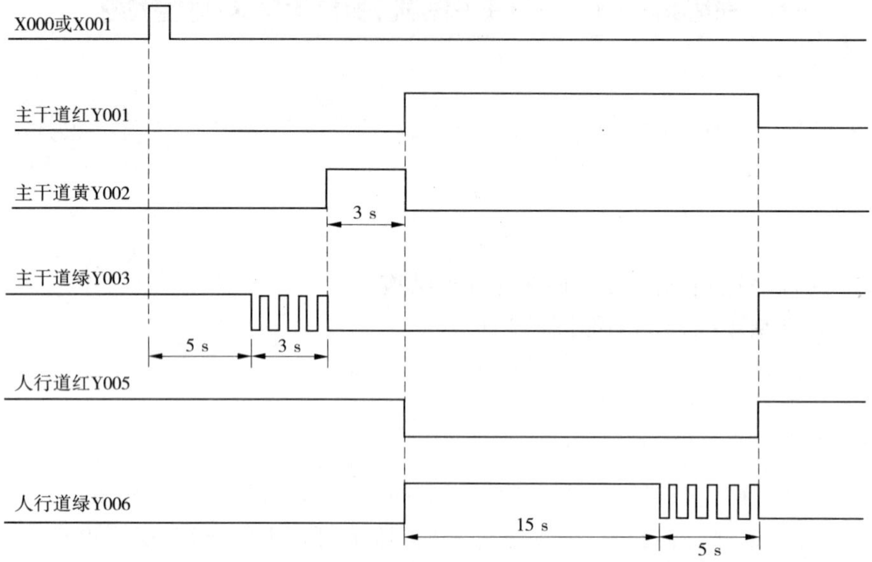


**图 6-2　红绿灯控制时序图**

## 三、相关知识

### (一)并行序列结构及编程

1. 定义

当某一步之后只有一个转换,而这一转换条件的满足会使该步后面的两步(或两步以上的步)同时变成活动步,且这些活动步各自独立;或某一步前面只有一个转换,但同时有许多独立的步时,该步变成活动步的条件是,这些前级步均为活动步且转换条件满足。这样的结构称为并行序列。

2. 并行序列的分支和合并

并行序列也有开始和结束之分。并行序列的开始称为分支,并行序列的结束称为合并。如图 6-3(a)所示为并行序列的分支,如图 6-3(b)所示为并行序列的合并。它是指当转换实现后同时使多个后续步激活,每个序列中活动步的进展是独立的。为了区别于选择序列顺序控制功能图,强调转换的同步实现,水平线连线用双线表示,转换条件放在水平双线之上下位置,见图 6-3。

3. 并行序列顺序控制功能图的步的活动顺序的转换

对于并行序列合并来说,该步的所有前级步都活动且相应的转换条件满足,则转换条件对应的后级步活动后,所有对应的前级步变为不活动步。对于并行序列分支来说,当前级步活动且相应的转换条件满足时,该转换对应的所有的后续步都活动,同时,该前级步变为不活动步。图 6-3(a)当前步为 3,e 满足,则图中 4、6、8 步激活,3 变为不活动步。

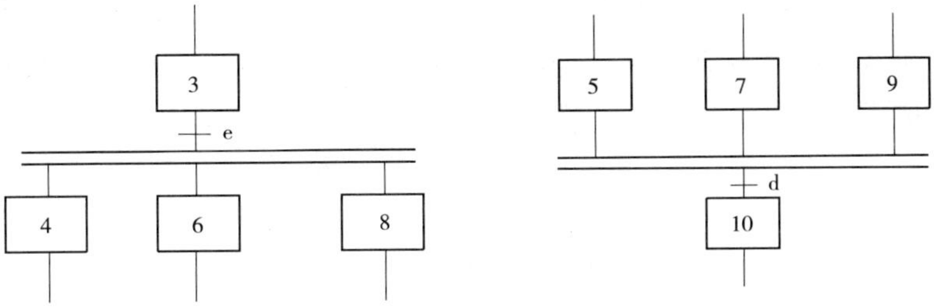


(a)并行序列的分支 (b)并行序列的合并

**图6-3 并行序列的分支与合并**

4. 用"启—保—停"电路实现的并行结构的编程方法

1)并行序列分支的编程方法

并行序列中各单序列的第一步应同时变为活动步。对控制这些步的"启—保—停"电路使用同样的启动电路,就可以实现这一要求,见图6-4。

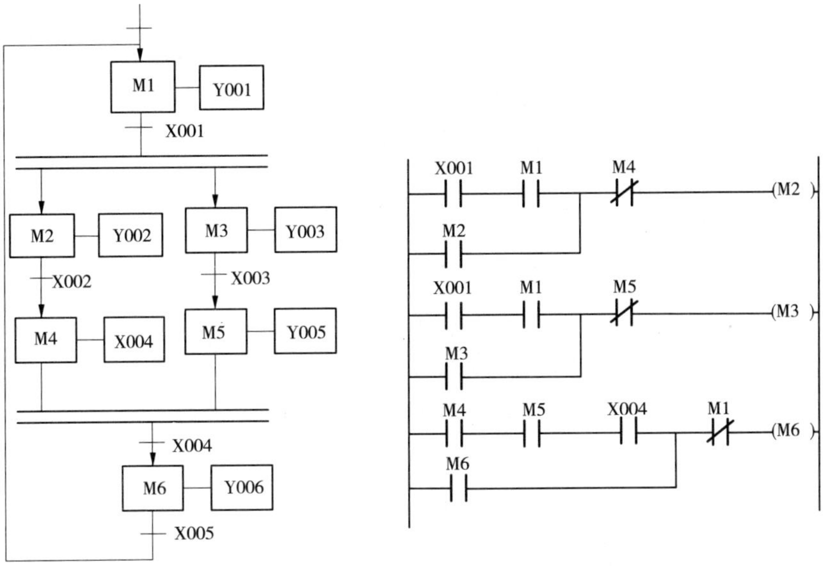


(a)顺序功能图 (b)梯形图

**图6-4 用"启—保—停"电路编写的并行序列示例梯形图**

2)并行序列合并的编程方法

图6-4中步M6之前有一个并行序列的合并,该转换实现的条件是所有的前级步(步M4和步M5)都是活动步和转换条件X004满足。由此可知,应将M4、M5和X004的常开触点串联,作为控制M6的"启—保—停"电路的启动电路。

**(二)绘制顺序控制功能图的注意事项**

(1)两个步绝对不能直接相连,必须用一个转换将它们隔开。

(2)各转换也不能直接相连,必须用一个步将它们隔开。

(3)顺序控制功能图中的初始步一般对应于系统等待启动的初始状态,这一步可能没有什么输出处于 ON 状态。初始步是必不可少的,一方面因为该步与它的相邻步相比,从总体上说输出变量的状态各不相同,另一方面如果没有该步,无法表示初始状态,系统也无法返回停止状态。

(4)自动控制系统应能多次重复执行同一工艺过程,因此在顺序控制功能图中一般应有由步和有向连线组成的闭环,即在完成一次工艺过程的全部操作之后,应从最后一步返回初始步,系统停留在初始状态(单周期操作),在连续循环工作方式时,将从最后一步返回下一工作周期开始运行的第一步 。

(5)在单序列中,只有当某一步的前级步是活动步时,该步才有可能变成活动步。所以,必须用初始化脉冲 M8002 的常开触点作为转换条件,将初始步预置为活动步,否则顺序控制功能图中永远不会出现活动步,系统将无法工作。

(6)如果系统具有自动、手动两种工作方式,顺序控制功能图是用来描述自动工作过程的,这时还应在系统由手动工作方式进入自动工作方式时,用一个适当的信号将初始步置为活动步。

### (三)以转换条件为中心的编程方式

1. 以转换条件为中心的编程方式的特点

(1)指用 SET 和 RST 指令实现步的转换的编程方式。

(2)控制电路和输出电路分开设计。

(3)不允许双线圈输出。

(4)具有固定的模式,适合机器自动生成程序。

2. 以转换条件为中心的单序列的编程方法

以转换条件为中心的单序列的编程方法见图 6-5。

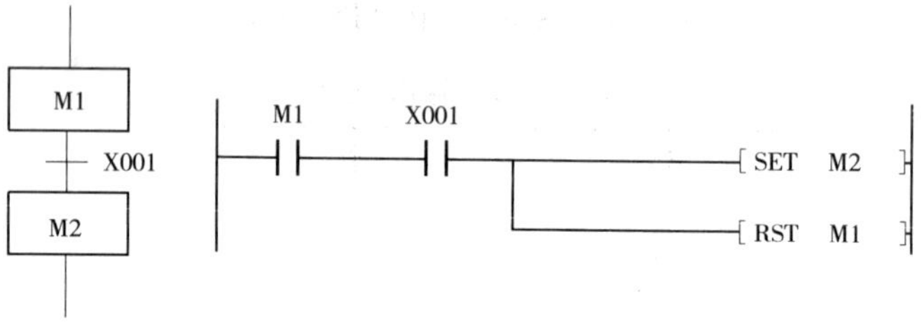


图 6-5 以转换条件为中心的步进编程

3. 以转换条件为中心的选择序列与并行序列的编程方法

因为以转换条件为中心的编程方式对应的梯形图非常标准,所以无论是选择序列还是并行序列,其编程都是一样的,见图 6-6。

## 四、项目实施

### (一)输入/输出分配表

输入/输出分配表如表 6-1 所示。

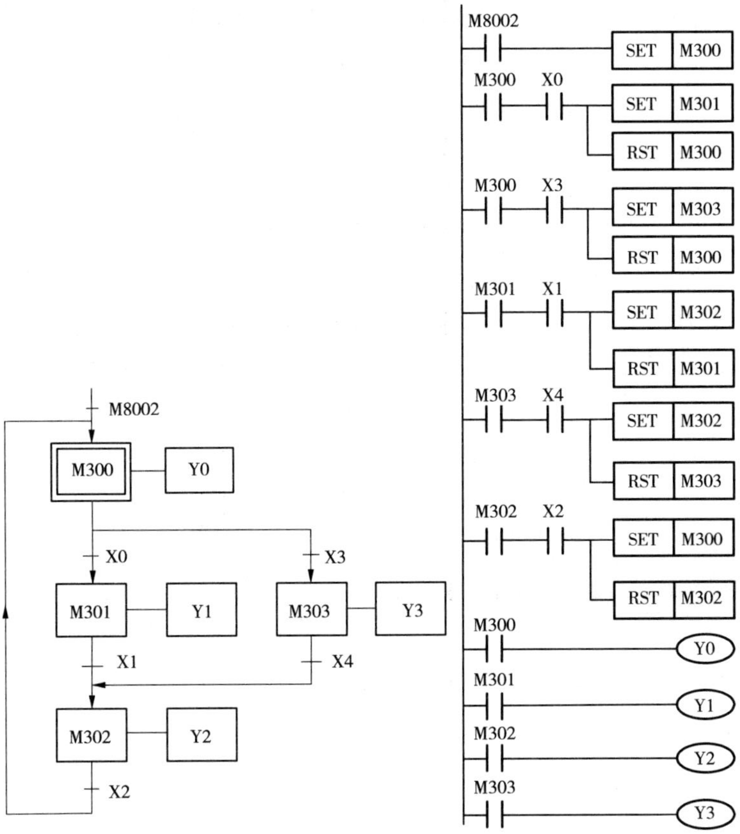


(a)顺序功能图　　(b)梯形图

**图 6-6　顺序控制功能图转换为梯形图**

**表 6-1　输入/输出分配表**

| 输入继电器 | 作用 | 输出继电器 | 作用 |
|---|---|---|---|
| X0 | SB1 按钮 | Y1 | 主干道红灯 |
| X1 | SB2 按钮 | Y2 | 主干道黄灯 |
| | | Y3 | 主干道绿灯 |
| | | Y5 | 人行道红灯 |
| | | Y6 | 人行道绿灯 |

**（二）输入/输出接线图**

输入/输出接线图如图 6-7 所示。

**（三）编写梯形图程序**

分析按钮式人行道交通灯控制要求，可得出图 6-8 所示的时序图。图 6-9 所示为顺序控制功能图。

本项目按钮式人行道交通灯控制系统采用以转换条件为中心编写方法编写的梯形图，见图 6-10。

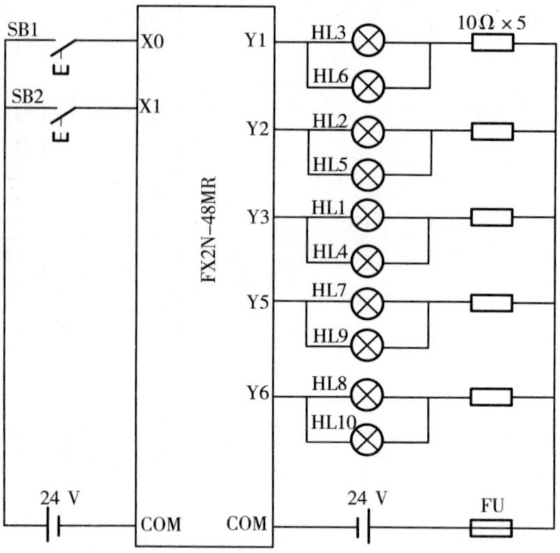


图 6-7 红绿灯控制的 I/O 接线图

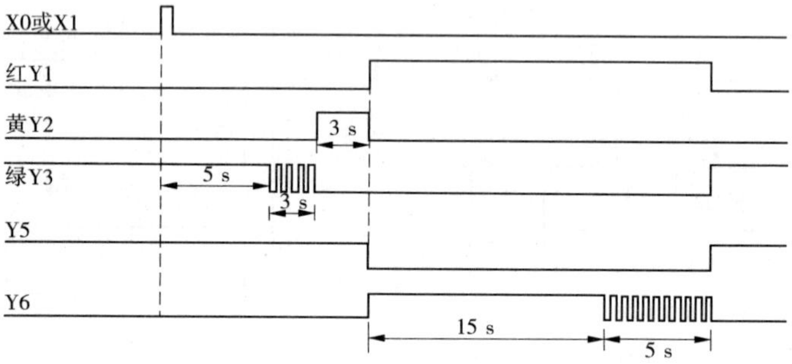


图 6-8 时序图

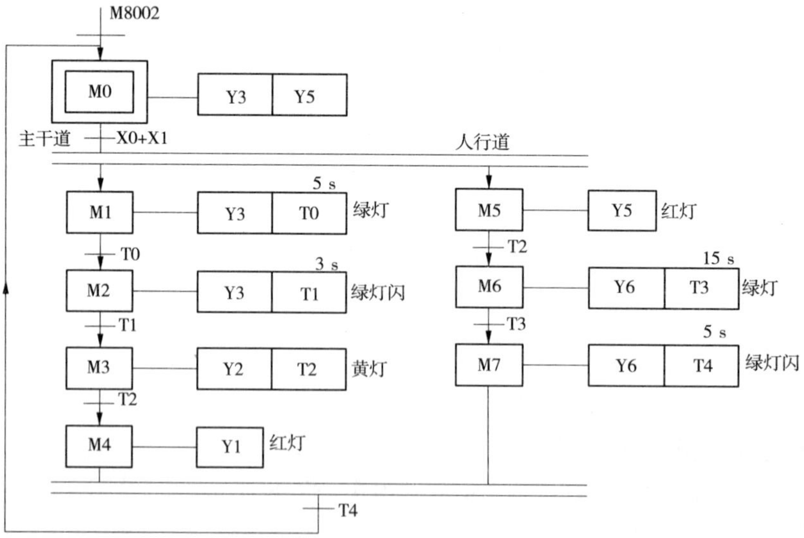


图 6-9 顺序控制功能图

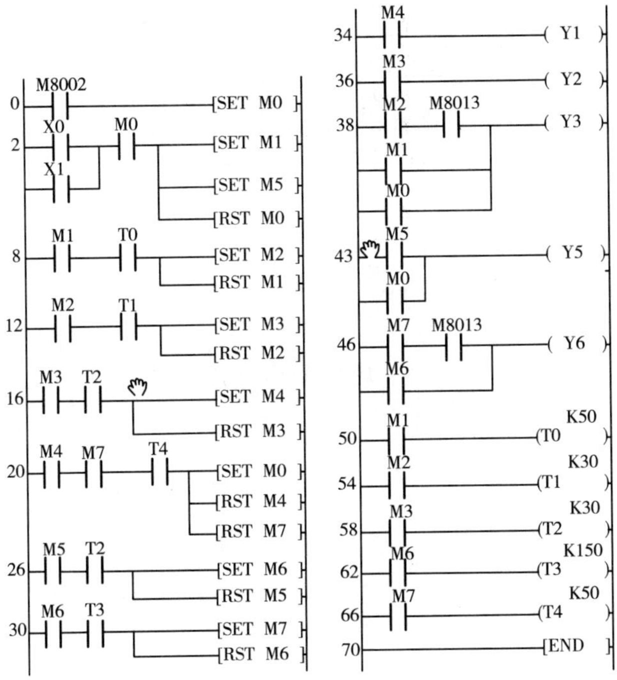

图6-10 梯形图(参考)

(四)系统调试

(1)设计梯形图写入主机后,先不接输出电源进行模拟调试。把PLC主机上的开关扳向“RUN”,按下SB1以及SB2,观察Y1、Y2、Y3、Y5、Y6指示灯亮灭情况,判断程序的正确性。如果有误,把PLC主机上的开关扳向“STOP”,检查程序和接线,修改后重复上述步骤,直至正常。按下SB2,观察程序能否正常复位。

(2)硬件接线完毕,接通输出电源,按下启动按钮SB1或者SB2,观察按钮式人行横道信号灯控制系统的工作情况,并进行梯形图监控。

(3)如出现故障,应该立即切断电源,分析原因,检查电路或梯形图后重新调试,直至达到项目拟定的要求。

## 五、思考与练习

1 将图6-11所示顺序控制功能图以转换条件为中心的编程方式转换为梯形图。

2 某专用钻床用来加工圆盘状零件上均匀分布的6个孔。操作人员放好工件后,按下启动按钮X0,Y0变为ON,工件被夹紧,夹紧后压力继电器X1为ON,Y1和Y3使两只钻头同时开始工作,钻到由限位开关X2和X4设定的深度时,Y2和Y4使两只钻头同时上行,升到由限位开关X3和X5设定的起始位置时停止上行。两个都到位后,Y5使工件旋转60°,旋转到位时X6为ON,同时设定值为3的计数器C0的当前值加1,旋转结束后又开始钻第二对孔。3对孔都钻完后,计数器的当前值等于设定值3,Y6使工件松开,松开到位时,限位开关X7为ON,系统返回初始状态。画出该控制系统的顺序控制功能图。

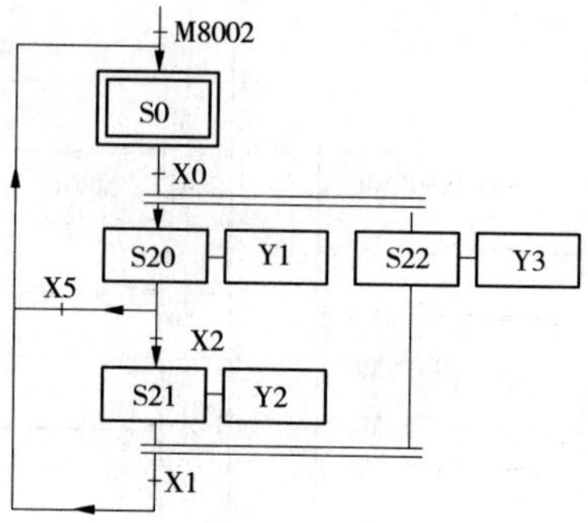


图 6-11

# 项目七　剪板机的 PLC 控制

## 一、学习目标

(1)进一步掌握选择序列和并行序列顺序控制功能图的绘制与“启、保、停”的编程方法。

(2)掌握使用 STL 指令的编程方式。

## 二、项目描述

剪板机是一种按照加工要求将板料剪开、自动计数的加工设备,板料长度检测、板料进料、压紧、走刀、落料、长度调整等过程必须按一定的步骤精确进行,对剪板机控制系统的自动化、灵活度、可靠性要求较高。本项目采用 PLC 对剪板机的工作过程自动控制进行设计。

剪板机工作示意图如图 7-1 所示,主要由送料小车、工作台、压钳、剪刀及限位开关和压力继电器等器件组成。开始时压钳和剪刀在上限位置,限位开关 SQ1 和 SQ2 为 ON 状态。按下启动按钮后,工作过程如下:

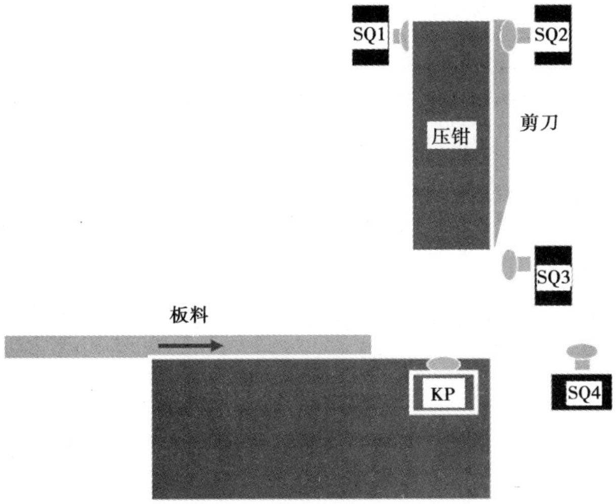


图 7-1　剪板机工作示意图

(1)板料右行至压下限位开关 SQ4 停。

(2)压钳下行压紧板料后,压力继电器 KP 为 ON 状态,压钳保持压紧。

(3)剪刀下行,剪断板料后,SQ3 为 ON 状态。

(4)压钳和剪刀同时上行,它们分别碰到 SQ1 和 SQ2 后,停止上行。

(5)压钳和剪刀均停止后,开始下一周期工作,剪完 $N$ 块料后停止工作,并停在初始状态。

根据工作过程,对其电气控制系统的要求有:

(1)板料的运送、压钳和剪刀的上下行分别由一台电动机拖动,三台电动机均能正反转。

(2)得电后,检测各工作机构的状态,使各工作机构处于初始位置。

(3)每剪完一块料后能自动计数,在计数值为设定值时能自动停止在初始状态。

(4)能确定剪切尺寸和剪切时能保证板料被压紧。

(5)具有断电保持功能和必要的保护措施。

## 三、相关知识

### (一)STL 指令简介

STL 指令与梯形图及指令表的关系,见图 7-2。

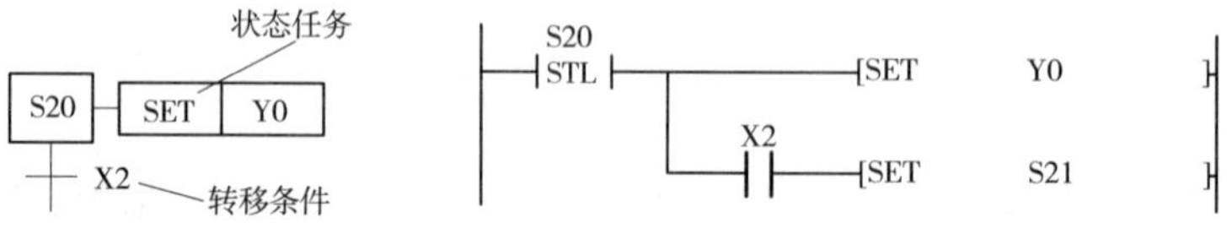


(a)状态转移图　　(b)梯形图

**图 7-2　状态转移图与梯形图**

图 7-2 的指令表程序如下:

| | | |
|---|---|---|
| STL | S20 | 使用 STL 指令,激活状态继电器 S20 |
| SET | Y0 | 驱动负载 |
| LD | X1 | 转移条件 |
| SET | S21 | 转移方向(目标)处理 |
| STL | S21 | 使用 STL 指令,激活状态继电器 S21 |

用状态图编制顺序控制程序时,应与步进梯形指令(STL)一起使用。STL 触点驱动的电路块具有三个功能,即对负载的驱动处理、指定转换条件和指定转换目标。

### (二)STL 指令的特点

(1)STL 触点是与左侧母线相连的常开触点,当某一步为活动步时,对应的 STL 触点接通,该步的负载被驱动。

(2)当该步后面的转换条件满足时,转换实现,即后续步对应的状态被 SET 指令置位,后续步变为活动步,同时与原活动步对应的状态被系统程序复位,原活动步对应的 STL 触点断开。

(3)STL 触点可以直接驱动或通过别的触点驱动 Y、M、S、T 等元件的线圈。

(4)与 STL 触点相连的触点应使用 LD 或 LDI 指令,直到出现下一条 STL 指令或出现 RET 指令,LD 点才返回左侧母线。各 STL 触点驱动的电路一般放在一起,最后一个 STL 电路结束时一定要使用 RET 指令,否则将出现“程序错误”信息,可编程序控制器不能运行。

(5)当 STL 触点断开时,CPU 不执行它驱动的电路块,即 CPU 只执行活动步对应的程序。由于 CPU 只执行活动步对应的电路块,使用 STL 指令时允许双线圈输出。

(6)STL 指令只能用于状态寄存器,在没有并行序列时,一个状态寄存器的 STL 触点在梯形图中只能出现一次。

(7)在状态转换过程中,相邻两步的两个状态同时保持 ON 状态为一个扫描周期,为了避免不能同时接通的两个外部负载(如控制异步电动机正、反转的两个接触器)同时接通,应在可编程序控制器外部设置硬件联锁,同时在梯形图内也应设置联锁,即将这两个输出继电器的常闭触点分别与对方的线圈串联。

(8)同一定时器的线圈可以在不同的步使用,但是如果用于相邻的两步,在步的活动状态转换时,该定时器的线圈不能断开,当前值不能复位。实际中建议尽量不这样使用。

(9)STL 触点驱动的电路块中不能使用 MC 和 MCR 指令,虽然不禁止在 STL 触点驱动的电路块中使用 CJ 指令,但因其操作复杂,建议不要使用。在中断程序与子程序内,不能使用 STL 指令。

(10)像普通的辅助继电器一样,可以对状态寄存器使用 LD/LDI、AND/ANI、OUT、OR/ORI 等指令,这时状态寄存器触点的画法与普通触点的画法相同。对状态寄存器置位的指令,如果不在 STL 触点驱动的电路块内,置位时系统程序不会自动地将前级步对应的状态寄存器复位。

**(三)STL 指令的编程**

系统的初始步应使用初始状态 S0 ~ S9,初始状态应放在顺序控制功能图的最前面,在 STOP→RUN 状态时,可用此时只保持 ON 状态一个扫描周期的初始化脉冲 M8002 来将初始状态置为 ON,为以后步的活动状态的转换做好准备。需要从某一步返回初始步时,应对初始状态使用 SET 指令。

1. 单序列 STL 指令编程

单序列 STL 指令编程举例,见图 7-3。

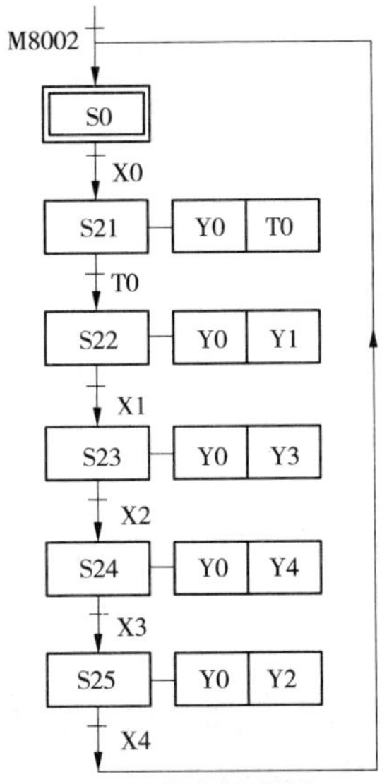


(a)状态转移图

图 7-3 单序列状态转移图和梯形图

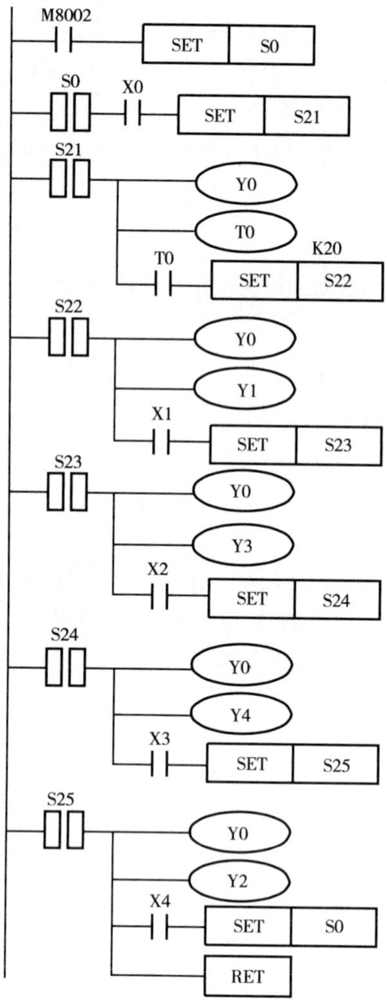


(b)梯形图

| | |
|---|---|
| LD | M8002 |
| SET | S0 |
| STL | S0 |
| LD | X0 |
| SET | S21 |
| STL | S21 |
| OUT | Y0 |
| OUT | T0 |
| K | 20 |
| LD | X1 |
| SET | S22 |
| STL | S22 |
| OUT | Y0 |
| OUT | Y1 |
| LD | X2 |
| SET | S23 |
| STL | S23 |
| OUT | Y0 |
| OUT | Y3 |
| LD | X3 |
| SET | S24 |
| STL | S24 |
| OUT | Y0 |
| OUT | Y4 |
| LD | X3 |
| SET | S25 |
| STL | S25 |
| OUT | Y0 |
| OUT | Y2 |
| LD | X4 |
| SET | S0 |
| RET | |

(c)指令表

续图 7-3

2. 并行序列 STL 指令编程

(1)并行序列的两个单序列是并行工作的,设计梯形图时应保证这两个序列同时开始工作和同时结束。即两个序列的第一步应同时变为活动步,两个序列的最后一步应同时变为不活动步。

(2)并行序列的分支的处理是很简单的,使用两个 SET 指令可实现并行序列的同时工作。

(3)并行序列合并处的转换有两个前级步,转换实现的基本规则是当它们均为活动步并且转换条件满足时,实现并行序列的合并,用两个前级步的 STL 触点和转换条件的常开触点组成的串联电路使后级步置位 。

(4)串联的 STL 触点的个数不能超过 8 个,换句话说,一个并行序列中的序列数不能超过 8 个。

并行序列 STL 指令编程举例见图 7-4。

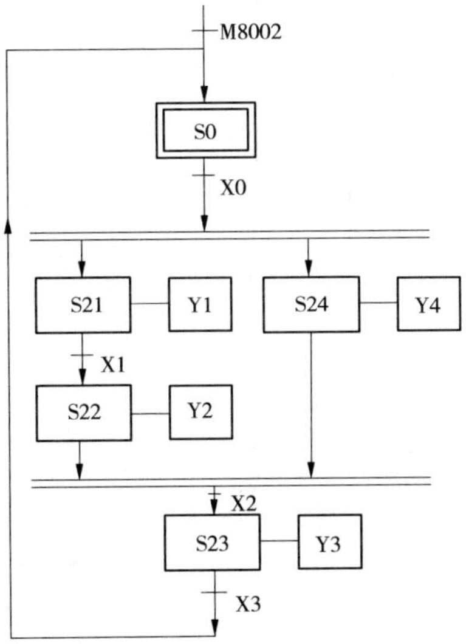


(a)状态转移图

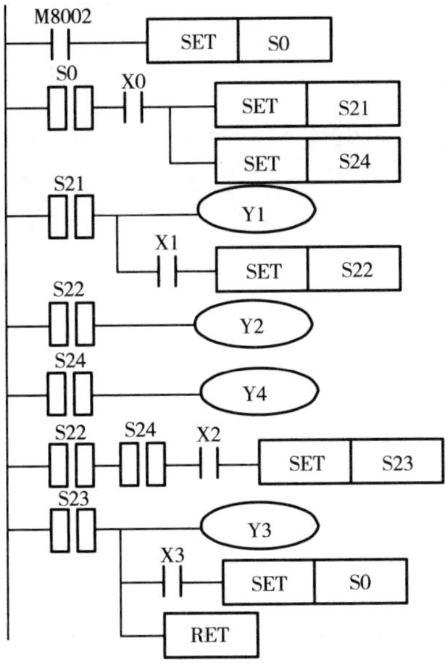


(b)梯形图

```
LD    M8002
SET   S0
STL   S0
LD    X0
SET   S21
SET   S24
STL   S21
OUT   Y1
LD    X1
SET   S22
STL   S22
OUT   Y2
STL   S24
OUT   Y4
STL   S22
STL   S24
LD    X2
SET   S23
STL   S23
OUT   Y3
LD    X3
SET   S0
RET
```

(c)指令表

**图 7-4 并行序列状态转移图及梯形图**

3. 选择序列 STL 指令编程

如图 7-5 所示,对于选择序列的分支,步 S0 之后的转换条件为 X0 和 X3,可能分别进

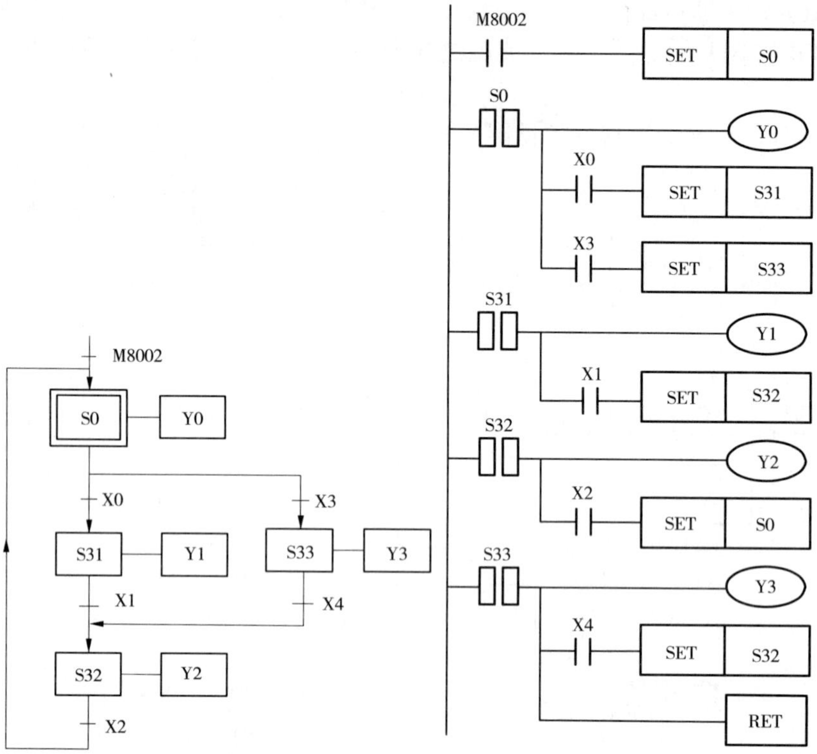


(a)状态转移图　　(b)梯形图

**图 7-5　选择序列的状态转移图及梯形图**

展到步 S31 和 S33，所以在 S0 的由 STL 触点开始的电路块中，有分别由 X0 和 X3 作为置位条件的两条支路。对于选择序列的合并，由 S31 和 S33 的 STL 触点驱动的电路块中的转换目标均为 S32。在设计梯形图时，没有必要特别留意选择序列如何处理，只要正确地确定每一步的转换条件和转换目标即可。

## 四、项目实施

### （一）输入/输出分配表

输入/输出分配表如表 7-1 所示。

**表 7-1　输入/输出分配表**

| 输入 | | 输出 | |
|---|---|---|---|
| 输入继电器 | 作用 | 输出继电器 | 作用 |
| X10 | 启动按钮 | Y0 | 送料小车电动机 |
| X0 | 压钳上升位置极限开关 | Y1 | 压钳下行电动机 |
| X1 | 剪刀上升位置极限开关 | Y2 | 剪刀下行电动机 |
| X2 | 剪刀剪断板料位置开关 | Y3 | 压钳上行电动机 |
| X3 | 板料右行位置开关 | Y4 | 剪刀上行电动机 |
| X4 | 压钳压紧板料继电器 | | |

### (二)输入/输出接线图

输入/输出接线图如图 7-6 所示。

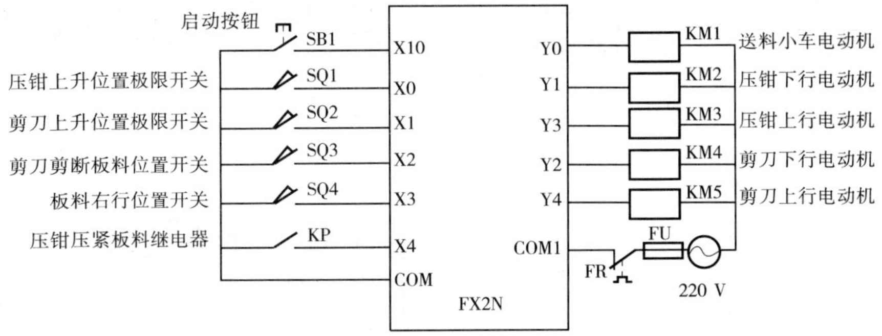


图 7-6 输入/输出接线图

### (三)编写梯形图程序

剪板机顺序控制功能图如图 7-7 所示。梯形图程序如图 7-8 所示。

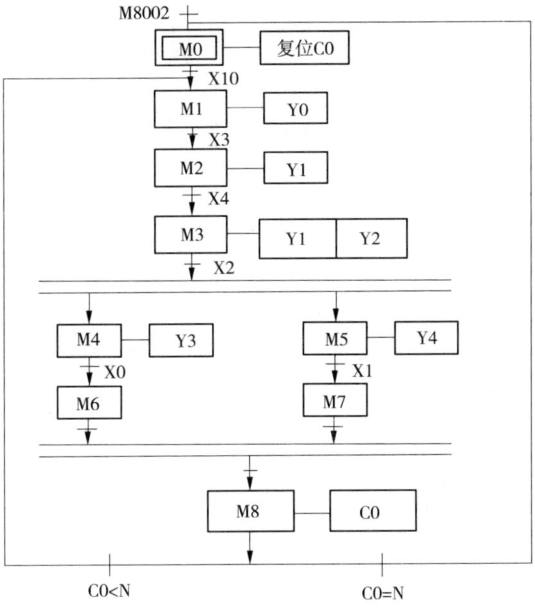


图 7-7 剪板机顺序控制功能图

### (四)系统调试

(1)写入梯形图,通电观察 PLC 的指示 LED。经自检,确认电路正确且无安全隐患后,在教师监护下,通电观察 PLC 的指示 LED,并做好记录。

(2)下载程序。将已经编写好的梯形图程序下载到 PLC 中。

(3)调整 PLC 为"RUN"工作状态进行操作。

(4)观察系统的运行情况并进行梯形图监控。

(5)如出现故障,应该立即切断电源,分析原因,检查电路或梯形图后重新调试,直至达到项目拟定的要求。

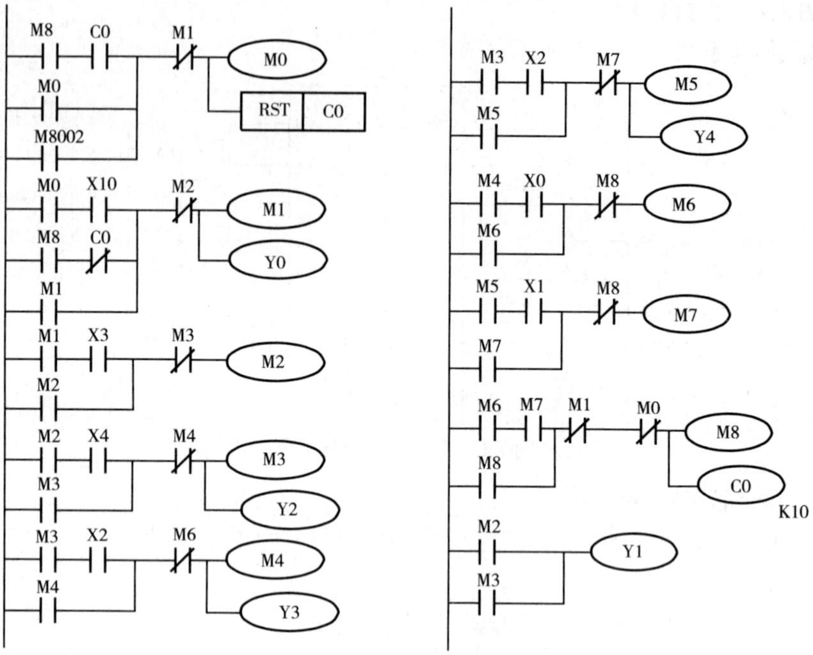


图 7-8　剪板机控制梯形图

## 五、思考与练习

1　将图 7-9 所示顺序控制功能图用 STL 指令转换为梯形图，同时写出其指令表。

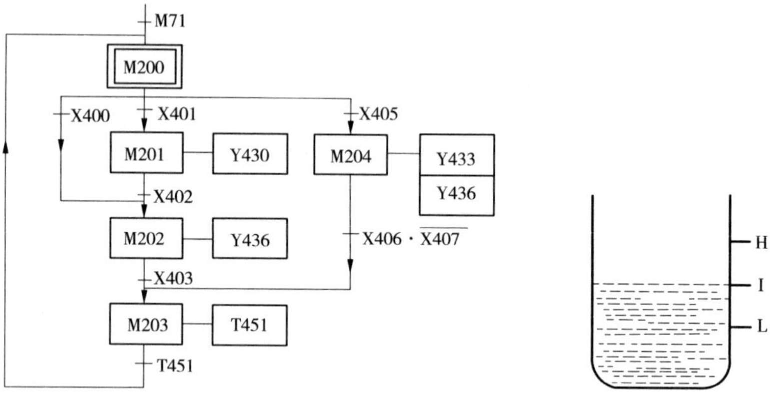


(a)顺序控制功能图　　(b)液位示意图

图 7-9

2　有两种液体 A、B 需要在容器中混合成液体 C 待用，初始时容器是空的，所有输出均失效。按下启动信号，阀门 X1 打开，注入液体 A；到达 I 时，X1 关闭，阀门 X2 打开，注入液体 B；到达 H 时，X2 关闭；开启搅拌器 R，搅拌 5 s；打开阀门 X3，释放液体 C；当最低位液位传感器 L = 1 时，关闭 X3 进入下一个循环。按下停止按钮，要求停在初始状态。试设计出顺序控制功能图并用 STL 指令转换为梯形图。

# 参考文献

[1] 范次猛. PLC 编程与应用技术[M]. 武汉:华中科技大学出版社,2015.
[2] 廖常初. 可编程序控制器应用技术[M]. 重庆:重庆大学出版社,2007.
[3] 韩亚军. PLC 与变频技术[M]. 北京:机械工业出版社,2011.